北京出版集团
北京少年儿童出版社

图书在版编目(CIP)数据

超能电脑 /（英）科尔曼（Coleman，M.）原著；（英）菲利普斯（Phillips，M.）绘；李丽萍，李玉芹译．—2 版．—北京：北京少年儿童出版社，2010. 1（2024.7重印）
（可怕的科学・科学新知系列）
ISBN 978-7-5301-2383-6

Ⅰ.①超… Ⅱ.①科… ②菲… ③李… ④李… Ⅲ.①电子计算机—少年读物 Ⅳ.TP3-49

中国版本图书馆 CIP 数据核字(2009)第 195950 号

可怕的科学・科学新知系列
超能电脑
CHAONENG DIANNAO
［英］迈克尔・科尔曼 原著
［英］迈克・菲利普斯 绘
李丽萍 李玉芹 译
*
北 京 出 版 集 团
北 京 少 年 儿 童 出 版 社 出版
（北京北三环中路6号）
邮政编码:100120
网 址：www．bph．com．cn
北京少年儿童出版社发行
新 华 书 店 经 销
三河市天润建兴印务有限公司印刷
*
787 毫米×1092 毫米 16 开本 9. 25 印张 50 千字
2010 年 1 月第 2 版 2024 年 7 月第 44 次印刷
ISBN 978-7-5301-2383-6/N・171
定价：22. 00 元
如有印装质量问题，由本社负责调换
质量监督电话：010－58572171

目录

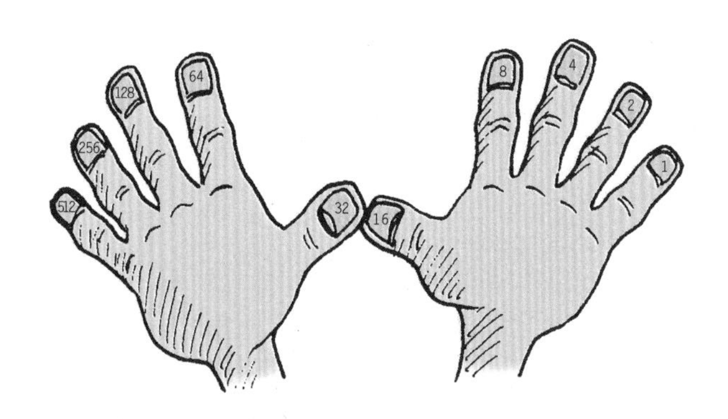
512
256
128
64
32
16
8
4
2
1

介绍

你的老师曾经说你懒？如果真是这样，那就对了（只此一次）！

你曾经说过你的老师懒（当然是小声说的）？那你也说对了！

这是因为所有的人都很懒——不信请看……

- 我们发明了汽车，这就用不着步行去超市买吃的了；
- 我们发明了煤气灶，这就不用为做饭而生火了；
- 我们发明了电视遥控器，这样在吃饭的时候就用不着站起来去换频道了。

从一开始，人们就在怎样才能让生活更简单方便上面动脑筋。不幸的是，动脑筋本身也是个苦差事！那么，对于我们这些懒人来说，最大的梦想是什么呢？当然是发明一种机器，能代替我们思考！

在过去的很长时间里，对这种机器的研制进展缓慢，但在近几年里进展神速——真是不可思议，今天它们已经是遍地开花了。

你家里可能已经也有好几样这样的机器了。玩游戏的那种当然是，倘若你拆开录音机或洗衣机，那里面也有一些。

再看看学校，你肯定会发现这样的机器星罗棋布，而且都是最新款式。一看就认识，它们都有键盘和屏幕，连老师都怕它们。

对，我们谈论的就是电脑（计算机）！它们现在无处不在，承担着我们无数的脑力工作。在本书中，你看到的只是电脑工作的一小部分。

然而……

它们也有做不了的事！尽管它们很神奇，有时候也会“罢工”，这一点和人类的其他发明一样。

就像汽车有时会抛锚，煤气灶有时会爆炸，电视遥控器有时会被踩坏（一般是在到处找它的时候）一样，电脑有时也会犯病，例如……

▶ 电脑把航天器跟踪丢了！

▶ 电脑邀请一位104岁的老太太去上幼稚园!

▶ 电脑被捕入狱!

因此在本书中，你不但能发现电脑的本事，而且也能了解到，它们犯病时会发生什么事情。

换句话说，它们变成“非凡的”电脑!

超能电脑生平简介之一

自从人们意识到用手指只能从一数到十（即便脱下袜子，算上脚丫子也无济于事）的时候，就开始寻找能快速做数学作业——即“计算”——的方式。尽管像算盘这样的珠算工具在公元前3000年就已经有了，但此后的4500多年里毫无进展……

1623年　随着金属工艺的日益精确，德国的威廉·谢科特造出了一个“计算钟”，它能进行6位数的乘法运算。1960年，重新制造的这种装置仍能正常使用。

1642年　法国的发明家布莱斯·帕斯卡造了一台机器，用来帮他的收税员戴德计算人们的欠税额。这台机器是第一个数字计算器。它被称为“帕斯卡列”，能把成列的数字加在一起。“帕斯卡列”运转得很正常。戴德想试试像99999+1这类的运算，但在它把那些9变为0的时候，所有的零件

失灵了——这肯定是在向戴德的耐心征收高额税。

1673年　另一个德国数学家格特弗瑞德·莱布尼兹制造了一个机械式计算器，可以进行加、减、乘、除的运算。

1822年　英国的查尔斯·巴比奇设计了一个叫“差分机”的装置用来计算数学表格。这台机器从来没有坏过。为什么呢？因为巴比奇没有把这台机器造完！

1833年　巴比奇设计了一台更先进的机器。到目前为止，人们公认这台机器不同于其他任何一台计算器。这台机器叫“分析机”，巴比奇把分析机设计得不仅能进行数学运算，而且能按照一套程序（一套指令）运转。这台机器也从来没有出过毛病——但不是因为巴比奇没把它造完，而是因为从来就没有着手制造。这台分析机太复杂了，没有人知道该怎么制造。

"疯疯癫癫"的巴比奇和一流的伯爵夫人

查尔斯·巴比奇（1791—1871）在计算领域里声名卓著，尽管他没能使他的想法付诸实践，但是他的很多想法极富有创造性和超前性，在今天的电脑设计中，仍能看到巴比奇的想法的痕迹。然而在巴比奇的一生中，很多人认为他一点也没有创造性——他们认为他疯疯癫癫。

那么，巴比奇到底是"富有创意"呢，还是"疯疯癫癫"？请你根据这些事实自己判断吧！

富有创意：他被聘为剑桥大学的数学教授。

疯疯癫癫：他从来没有发表论文，而是把全部时间用在发明上！

富有创意：至少政府曾经认为他很有创造性。巴比奇声称他的差分机的计算比以前发明的任何计算器的计算都精确得多，政府相信了他，并给他17 000英镑资助他的工作。

疯疯癫癫：巴比奇的设计太超前了，甚至在他的设计能够有效使用以前，他必须先发明一些工具来完成这项工作！然后，什么都准备好了后，他和他的工程师发生了激烈的争吵，工程师走了后再也没有回来。

富有创意：尽管如此，巴比奇并不太在意，因为到那时为止（1833年）他已经设计出了他的分析机。这将是一台优良得多的机器，通过遵从一套指令程序，这台机器能够进行大量不同的运算。除此之外，它还能储存（记住）这些运算结果并在纸上打印出来！这完全是一台现代的电脑所做的事！

疯疯癫癫：不幸的是，政府改变了想法。现在，他们认为巴比奇头脑不正常，并拒绝给他任何资助。巴比奇的一名反对者说："除了巴比奇的满腹牢骚之外，我们的17 000英镑什么也没有买到。"

富有创意：巴比奇的发明并不都是这样的。巴比奇对刚刚发明出来的火车着了迷。当火车穿过广阔的乡间时，是巴比奇首先看到了可能存在问题……他静下心来发明了排障器！

疯疯癫癫：他还曾沉溺于火的魅力。他甚至尽可能深地进入火山内部，为的是能更近地观察熔化的岩浆！还有一次，他把自己放在一个温度高达124摄氏度的炉子上烤了5分钟，之后还兴高采烈地说"无任何不适之处"。

富有创意：巴比奇钟情于事实，他不停地搜集事实。

疯疯癫癫：不幸的是，很多事实是微不足道的！例如，他曾经对464个被打碎的窗户进行调查，把它们被打碎的原因一一写下，讨论窗框的使用情况。

富有创意：他还计算出，外面街上表演节目引起的噪音浪费了他25%的脑力。

疯疯癫癫：当巴比奇游说要求禁止街上的表演活动时，他的邻居开始折磨他。他们把让人看着恶心的东西（如死猫等）放在他的门前台阶上。有一次，一个铜管乐队故意在他的窗下演奏了整整5个小时。巴比奇想要取缔乐队也就不足为怪了。

那么，你认为巴比奇是“富有创意”呢，还是“疯疯癫癫”？尽管斯德哥尔摩的乔治和爱德华·舒兹这两个瑞典人在1855年以巴比奇的工作为基础，制造了首台实用型的机械计算机，然而真正能证明巴比奇是个创意天才是在1991年。

那时，为了庆祝巴比奇诞辰200周年，在伦敦的科学博物馆里，由巴比奇设计但从来没有造完的差分机被完整地造了出来。这台机器共有4000个零件，长3.3米（11英尺），高2.1米（7英尺），重3000千克。而且对这台机器进行测试之后，发现它完全能够正常运转！

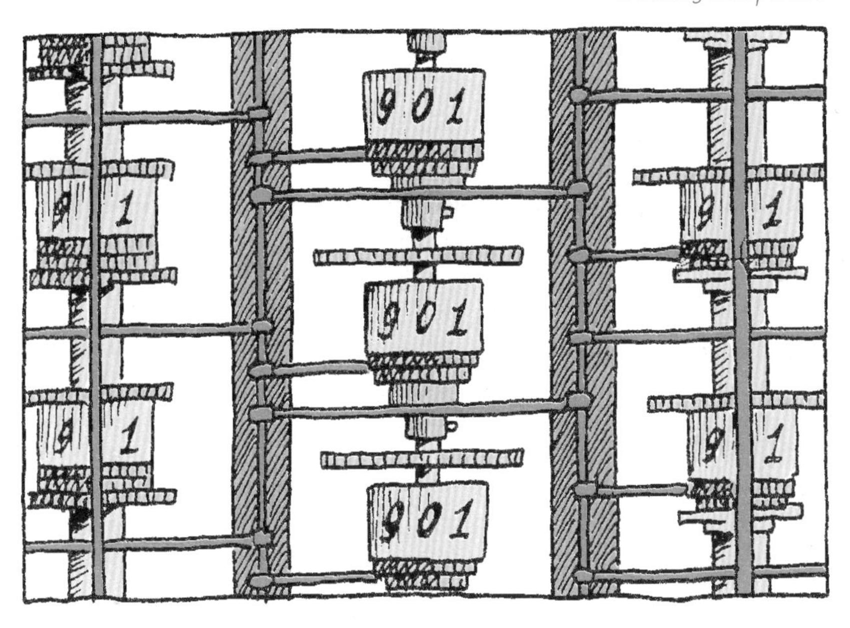

现在毋庸置疑的是，巴比奇可能有点儿疯癫，但他还是极其富有创意的！

非常内幕

在巴比奇死后，他的大脑被保存起来了。一直到1908年，一个外科医生把它切开，想看看它是不是和平常人的大脑一样。他是在找巴比奇聪明的标记呢，还是找他疯癫的标记？这就不得而知了！

尽管有种种问题，巴比奇总是能够得到一位一流的伯爵夫人的帮助。她的名字叫亚达，是洛夫莱斯伯爵夫人。在一次晚宴上，亚达听巴比奇谈论了“分析机”后，对它着了迷。

或许是由于亚达也同样既富有创意又有点疯癫，所以他们颇引人注目。当巴比奇宣称他能利用数学计算出马赛的胜出者时，她竟然相信他说的话，看来她也够疯的。不过，她相信他的那些陈词滥调，只是不想在马赛中把钱全输光罢了！

尽管如此，她是一位很出色的业余数学家，是少数认识到实用的“分析机”会有多大潜力的人之一……

亚达写了一个计划，描述分析机可能会怎样进行某些数学计算。这个计划现在被认为是第一个“计算机程序”。

非常内幕

为了纪念洛夫莱斯伯爵夫人，1979年美国国防部开发的程序语言就命名为“亚达”。

超能电脑生平简介之二

1886年　美国纽约州布法罗的赫尔曼·霍勒里思制造了一个列表机，这台机器通过打孔卡片来工作。他的公司不断扩张，并与别的公司合并，直到……

1924年　公司改名为国际商用机器——缩写为IBM。托马斯·沃森是公司的第一位总裁。他上任后的首轮举动之一就是，在每个地方都贴上标语，告诉他的雇员他想让他们做什么。标语上只有一个词：思考。这就是他们要做的事。IBM变成了世界上最大的计算机公司。

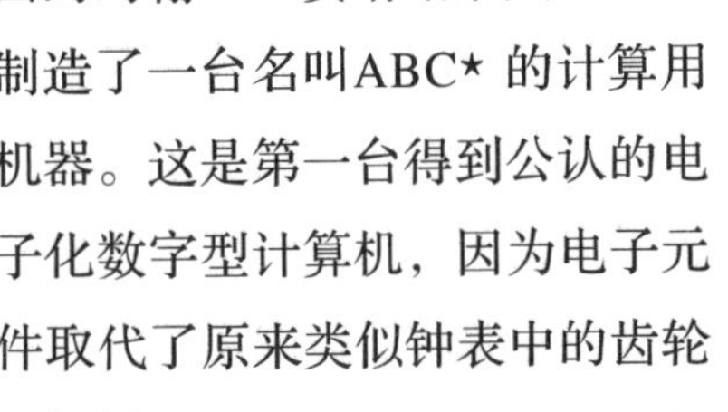

1939年（到1942年）　美国的约翰·V.安塔诺索夫设计并制造了一台名叫ABC* 的计算用机器。这是第一台得到公认的电子化数字型计算机，因为电子元件取代了原来类似钟表中的齿轮和杠杆。

* 安塔诺索夫·贝里计算机。安塔诺索夫得到了电气工程学学生克利福德·贝里的帮助。

1941年（到1944年） 英格兰的汤米·弗拉沃斯设计并制造了第一台全电子化计算机器。机器取名为“巨人”——但它并没有被公开过！在第二次世界大战中，它被用来破解希特勒的最高机密所使用的密码，因此这台机器必定是机密中的机密。

非常内幕

“巨人”的高机密程度表现在，这台机器在战后被销毁，严禁使用这台机器工作的人谈论此事。因此，1973年一位鉴赏家把安塔诺索夫的ABC断定为第一台实用型计算机时，仍然不允许英国人纠正他的错误。

1943年（到1945年） 第一台通用型电脑是在美国宾夕法尼亚大学制造的。这台机器被称为电子化数字型求积器和计算机（ENIAC），并能运行不同的程序。但从一个程序切换到另一个程序很麻烦，需要对整台机器的线路重新进行连接。

呃……老麻烦您不好意思，但是我们能回到原来的那个程序吗？

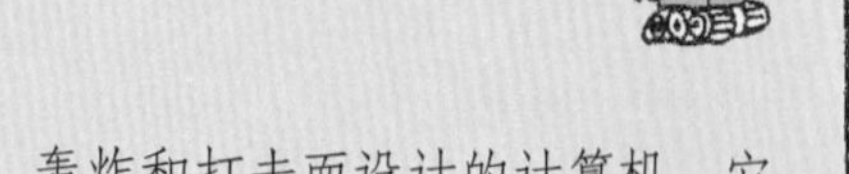

非常内幕

ENIAC也是第一台为引爆、轰炸和打击而设计的计算机。它的用途是通过计算来提高美军瞄准的精确度。

1946年 什么都疯了，因为曼彻斯特自动数字（Manchester Automatic Digital，MAD）机器MK1要在1948年投入使用！控制机器的开关是从旧战斗机的无线电装置上拆下来的，是第一台可以根据存储的程序进行运转的机器。它有个昵称“婴儿”——可能是“大象婴儿”的缩写，因为它长达4.5米（16英尺），高达2.5米（7英尺），深0.75米（2英尺）。

1947年 恐龙型的计算机就要成为明日黄花了。有人发明了一种叫晶体管的装置。直到今天，它的功能和计算机中臃肿的电子管的功能一样，但却小得多。

《大众机械》杂志兴奋地预言，将来计算机的重量不会超过1500千克。

1952年　美国首次用计算机是来预测竞选结果。计算机没有出错，但当它令人意外地预测无取胜希望的德怀特·艾森豪威尔会竞选成功时，每个人都认为这台计算机犯病了！操作员怕人家说他是蠢货，重新编写了程序——当计算机最初的预测变为现实时，此前的种种真的显得很愚蠢！

1967年　第一台由计算机控制的自动提款机在伦敦的巴克莱银行面世。

这次计算机工作状况良好，银行董事长托马斯·布兰德的表现却不怎么样。他就是不明白该怎么操作。因此当电视摄影机出现的时候，暗藏的员工不得不用手给他推出一些钱来。

1969年　此时，随着硅片或微芯片的发明，晶体管电脑已经过时了。这是小型电脑的开始，也是无数个“什么都带芯片”的老掉牙笑话的开始。

1975年　第一台个人电脑Altair（牵牛星）上市了。但是，忘了今天的键盘和显示器吧。它是用滴滴答答响着的转换器把信息输进去，一连串闪烁的灯光会把输出结果显示出来。而且这还要把一切零件都装完之后才能开始工作——机器是以散件的形式出售的，需要客户自己组装！

1980年　电脑充斥着所有的电视频道！BBC播出了一系列的电脑节目，随后向市场推出了“BBC微型电脑”。原本以为最多能卖出去10 000台，结果生产商竟然卖出了数百万台——在学校和大学中的销量尤其大。（找找附近的教室，也许还能找到满是蜘蛛网的这种机器！）

20世纪80年代年　电脑从烟囱里往下掉了！一台辛克莱系列的家用电脑是孩子们最好的圣诞节礼物。有与电脑相连的键盘，可以插在电视上玩游戏。它的屏幕是彩色的而不是黑白的，这才是它真正的优势！

1981年　IBM推出

了第一台个人电脑（Personal Computer,PC）。从那时起，世界上大多数PC都遵照了同样的设计——并称之为“PC兼容机”。

1984年　苹果公司制造的PC系列显得与众不同，特别是苹果“麦金托什机”（Macintosh，缩写为“Mac”）。这种机器不是让打字慢的用户通过键盘输入指令，苹果麦金托什机更容易使用——用户指向屏幕上的符号就可以令电脑工作。这种机器把你老师吓了一跳，老师给它起了一个很恰当的名字——“图形界面”。

1985年　微软公司的“窗口”（Windows）系统使IBM的PC机有了类似的界面。微软公司是在1975年由比尔·盖茨和保罗·艾伦这两个大学生创建的。

1985年后　电脑体积越来越小，运算速度越来越快。但到底有多小，而且有多快呢？

有多小？

这样想想。1948年的计算机“婴儿”宽4.5米，高2.5米，如果要和现在主流PC机的内存一样大，它必须要有90千米宽，而且高度是珠穆朗玛峰的4倍。

有多快？

1945年，ENIAC计算机能够每秒钟进行360次乘法运算，或许，这样的运算速度比任何人都快。但在今天，电脑最快的运算速度可以每秒钟达到1000亿次。如果运动员的能力也以同样的倍数递增，1945年用10秒钟跑完100米的短跑运动员，现在用10秒钟可以绕着地球转7000圈！

今天

PC机的外观和大小各不相同，可以放在桌子上，也可以夹在胳膊底下。（PC机遍地都是，新产品生产速度极快，在美国，估计每年要有1000万台PC机被淘汰。）至于微软公司的创始人比尔·盖茨，仍在变强……

非凡电脑奇才

试试这个练习。（除非你还认识比比尔·盖茨更富的人，否则你很难想象出来。）

▶ 每一秒钟，放1英镑在储蓄罐里。

▶ 这样持续一周，你就会有604 800英镑了。

▶ 继续，12天后，你就是一个百万富翁了！

▶ 继续，4个月后，你的钱会超过1000万英镑。

▶ 继续，3年后，你将总共有1亿英镑了。

做得不错！但你还是不如比尔·盖茨富。要赶上他，你不得不……

▶ 每天每秒钟放1英镑在储蓄罐里，再持续300年！

比尔·盖茨就有这么富。而且他一天比一天富。据估计，1997年，他的财

产以每天3000万英镑的速度递增！

那么，怎样才能和比尔·盖茨一样出色呢？下面是成为非凡电脑奇才的10大秘诀。

1. 忘掉漫画书，读商业杂志。比尔·盖茨10岁的时候最喜欢的读物是一本叫《财富》的杂志。

2. 尽可能学习经商之道。比尔·盖茨在寄宿学校里最喜欢的游戏是对成功企业进行详细记录。

3. 巴结好妈妈！比尔·盖茨所在的学校有一根电话线和电脑连在一起，谁用电脑谁就得付钱。学生们让妈妈通过卖旧杂货来帮他们筹钱。

4. 玩电脑游戏。比尔·盖茨学电脑的方法之一就是编写程序玩连三子棋。

5. 想别的方法攒钱买机时。花完卖旧货得来的钱后，比尔·盖茨还让电脑公司出钱，请他帮电脑公司测试程序。如果他发现了错误，由电脑公司出钱，请他来修补程序。

6. 不用担心睡眠。比尔·盖茨通宵玩电脑，第二天在课堂上睡觉。

7. 18岁上大学的时候，也不要让课程妨碍了电脑工作。比尔·盖茨读的是哈佛大学。经济学是第一学年的主修课之一，他没有上过一节经济学课，他只是在考试的前一个星期翻了几本书。可他却得了A。

8. 退学。比尔·盖茨没有学完在哈佛的课程。当他看见PC的潜力时，他退学组建了微软公司。

9. 打牌。比尔·盖茨创办微软公司的钱大都是通过打牌从别的学生那里赢来的。

10. 成为商业天才。比尔·盖茨是通过薄利多销而暴富，他意识到卖数百万个便宜的程序比卖几个贵的程序获利大得多。据估计，每天90%的PC都在运行微软公司的程序——而且，全世界每年电脑销售量不断激增，那需要大量的程序！

非常内幕

比尔·盖茨不是唯一通过计算机赚钱的人，查尔斯·巴比奇也挣了不少钱。不幸的是，不是在他需要钱的时候，而是在他去世120年之后。1996年他第一台未造完的差分机卖了176 750英镑！

电脑新手入门指南

电脑是怎样工作的？它们能做什么，不能做什么？找到答案的一个好办法是假装一段时间的电脑。明天早上可以首先做这件事……

1. 别人不叫不起床。

电脑需要电或电池，需要有人给它们插上电源并开机，它们是不会自己工作的。

2. 把已经学过的东西重新学一遍。

当电脑被关掉后，内存里的所有信息都会消失，再开机时必须重新从硬盘或光盘上读取信息，否则会浪费内存空间。

3. 尽管很乏味，但也要按指令行动。

电脑会完全根据人的指令来运转。大多数指令表现为程序，比如说文字处理软件。其他指令也可以在程序运行中发出，例如“检查拼写”，或“删除昨天晚上的文档”。电脑会执行所接收的每一条指令，不管是否明智。后悔删除了文档？不可能恢复！

4. 极速行动。

刷牙的时候，电脑已经进行了数亿万次的乘法运算，你可以由此感受到什么叫快。

5. 从不疲倦。

电脑会马不停蹄、竭尽全力地运转。

6. 从不厌倦。

电脑对日复一日的重复性工作乐此不疲、毫无怨言。

7. 不管怎样，只要不被关掉，就要毫无差错地存储所有的内容。然后在重新开机之前，忘掉全部内容！

这就有点儿计算机的样了。但电脑里面到底发生了什么？每个人都能明白电脑是怎么工作的吗？或者，你需要密探那样的智商吗……

“神奇手指”——学习二进制码

“砰！”实验室的门开了，一顶帽子“嗖”地飞进来，利索地挂了起来。一个穿着无尾礼服打着蝴蝶结领结的公子哥走了进来。

“本人邦德，”他嚷道，“普瑞米·邦德，超级密探。”

一位坐在椅子上长着灰白头发的教授看了他一眼，叹了口气说：“别丢人现眼了，003.5。”

普瑞米皱皱眉，听到有人喊他的编号使他想起了一个令他困惑已久的问题。

“为什么我的代码是003.5，而另一个叫邦德的家伙是007？”

“因为你的才智只有他的才智的一半，他一开始的时候就能记住大数。”

“我同样能记住大数。”

“多大？”教授问。

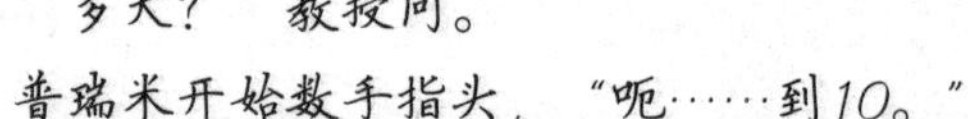
普瑞米开始数手指头，“呃……到10。”

“派你去摧毁住在敌人大街216号的间谍团伙的时候，表现得并不怎么好，对吧？你为什么总是用你的手指呢？”

“因为用着很方便！”普瑞米咧嘴笑着说。

“还因为你的记性差，”教授严厉地说，“这就是我向你介绍二进制码的原因。”

“二进制？是什么东西？和自行车有关吗？”

教授点点头说：“有点儿。”

普瑞米的脑子里闪过一个可怕的想法。

“你没有拿走我心爱的汽车吧？我总不能骑着自行车在乡下扔炸弹来摆脱敌方间谍吧！我的机关枪怎么办，绑在自行车横梁上？”

“没有，没有。二进制码是计算机所用的东西，它和自行车的相关之处是它们都用到数字2。”

“好的！”普瑞米如释重负地说。

“自行车用两个轮子，而二进制用两个……呃，两个什么呢？”

教授没有立即回答。

“举起手来！”教授突然喊道。

普瑞米一跳老高：“别开枪！你想知道什么我都告诉你！”

“这不是举手投降，普瑞米。现在看着你的手指，它们在做什么？”

普瑞米看着他的手，“它们当然是伸开的，你刚才说这不是举手投降！”

“现在握成拳头，就像你要打我一样！”

“啊，现在要去一个地方吧。”普瑞米说着握起手指。

教授躲到椅子后面。“现在想一想，”他喊道，“开始你的手张开了，现在握起来了，这两种状态就是二进制码。”

普瑞米仔细地想了想。“但……就是说我只能用我的手指数到2了！”

“不，不是的，”教授又站了起来，“因为你的每个手指都可以或直或弯。”

“不要忘了我的大拇指。”普瑞米纠正道。

"对任何人而言，都包括所有手指。"

"这总共就组成了10个二进制数。或者用电脑术语来说，就是有10个比特可以供计算用。一个比特是对二进制数的缩写。你可以称之为'速记'。"教授哧哧地笑着说。

"那么，电脑怎样用这些比特来计算呢？"

"很简单，当每个比特关闭的时候，就是说你的手指或拇指弯的时候，它表示什么也没有。当它打开的时候，就表示一个数。"

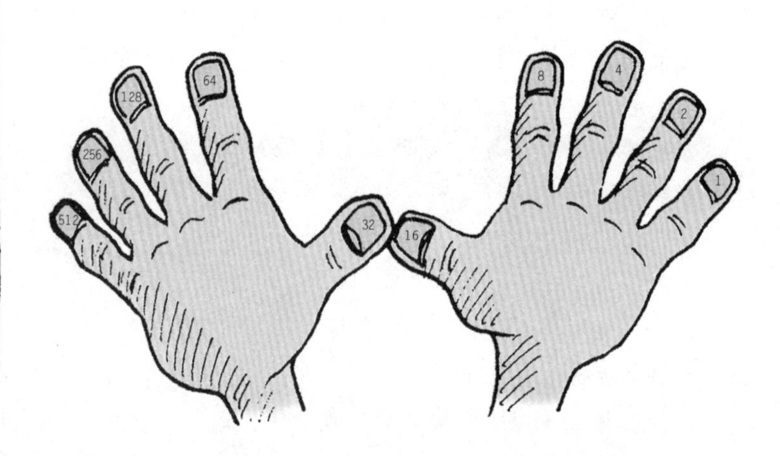

"什么数？"普瑞米问。

教授拿了一支笔在普瑞米的每个指甲上都写了一个数。

"注意到什么了吗？"他问。

"倒不如说是左撇子更好。"普瑞米点点头。

"左边的数要比右边的数大得多！"

"那是因为左边每个比特都是右边每个比特的两倍。那么，过来，如果要你去侦查旅馆16号房间的房客，你现在能记住房间号吗？"

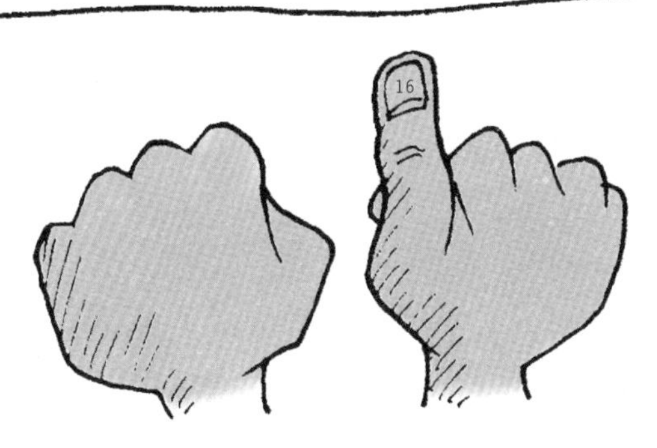

这位密探想了一会儿，然后伸出了他右手的大拇指。

“非常正确！如果你发现这个狡猾的家伙搬到了192号房间呢？”

普瑞米只伸出了左手的食指和中指，而把其他所有手指头都握起来。

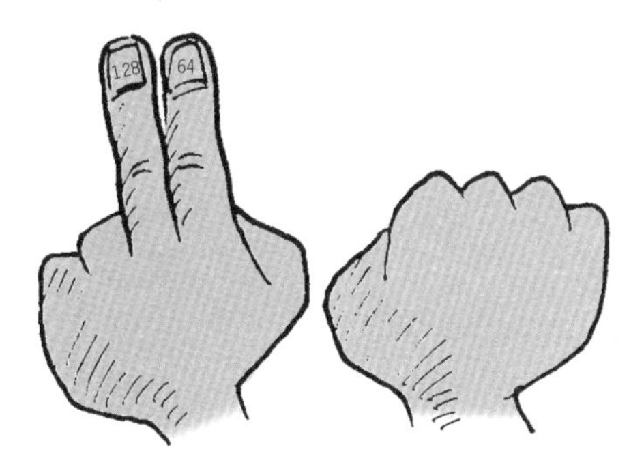

“很好，孺子可教！”

“那么现在你能记住旅馆最大的房间号是哪一个吗？”

普瑞米把双手的拇指和手指全部伸开，说：“1023！太棒了！”

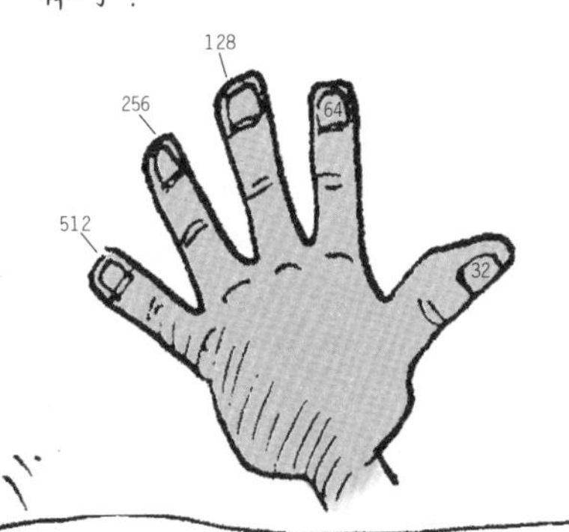

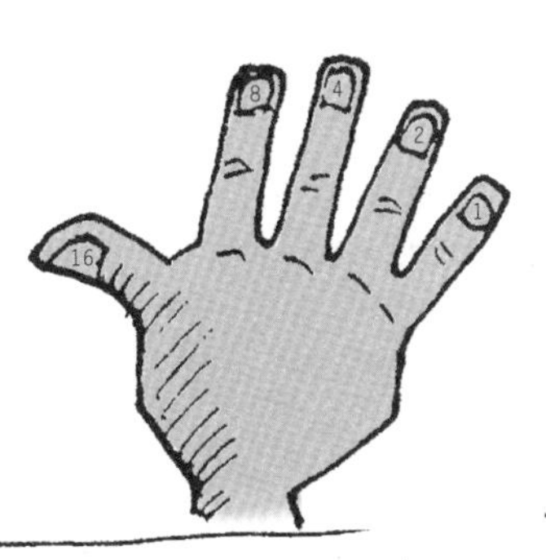

“512+256+128+64+32+16+8+4+2+1。”教授赞许地说，“好极了！”

“耶！”普瑞米喊道，“见鬼去吧，007！我现在是真正的掌上运算密探！”

非同寻常的二进制

为什么电脑要用二进制码？

a. 因为它们笨，用两个数计算最容易。

b. 因为用两个数计算速度最快。

c. 因为它们是电动的。

答案

c。想想电灯泡，要么是开着，要么就关着，没有第三种状态。所以用电时，开和关是最方便的表达方式。

这就是为什么电脑里面发生的所有事情都是在用1（开）和0（关）之间的二进位快速转换的原因。

8个比特组合在一起（普瑞米·邦德双手的拇指除外）形成一个字节。计算机的内存就是连在一起的字节的容量。内存可以是几千个字节（这种情况可以称为千字节，Kb），也可以是几百万个字节（这种情况称为兆字节，Mb），还可以是几十亿个字节（千兆，Gb）。

此外，字节可以形成块，可以把它们组合在一起。这就是计算机的工作方式，不仅仅是用数字工作，而且是用不同类型的信息工作。

和ABC一样简单

字母和符号（如+、£、$、!）在电脑中也是用二进制表示的，它把1和0组成的串看成仅仅是0和1的一种组合方式，而不认为是数字，这是与数字的表达形式的不同之处。比如说：

00100001

就是字母“A”的组合方式。

接下来字母“B”的组合方式是另一个序列模式（00100010），等等。空格也有代码（00100000）。因此，任何字或句子都是以字节块的形式存储的，每个字节都具有独一无二的特征。比如，短语：

CALL A CAB

（00100011）（00100001）（00101100）（00101100）
C A L L

（00100000）（00100001）（0100000）
空格 A 空格

（00100011）（00100001）（00100010）
C A B

颜色大全

存储颜色的方式和存储字母的方式一样，但这种情况下不同的比特模式代表不同的颜色。因此1个字节能够表现256种组合模式（从00000000到11111111）中的任何一种，这256种不同的模式代表256种不同的颜色。

怎样只用2个比特来代表红、绿、蓝3种不同的颜色，并说出是处在开还是关的状态？

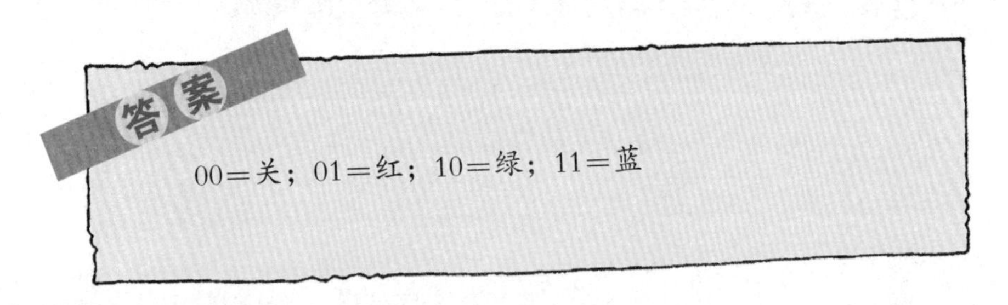

精美的图片

想显示一幅你自己的画吗？小菜一碟。只是要记住一点，你可能认为你自己貌美如花或英俊潇洒，但对电脑而言，只是一大堆二进制数而已。

电脑通过把图片划分为一个个叫“像素”（Pixels，是Pic-trueelement的缩写）的小方块的方式来存储它们。因此，数个像

素不仅可以存储颜色，还可以存储诸如亮度这样的信息。用的像素越多，图片效果就越好。（如果还不太明白，可以想象一下，把照片分为8个像素，每个像素只有一种颜色会是什么效果！）但用的像素越多，需要的存储空间也越大。

热情洋溢的声音

声音也不例外。交响乐也好，尖叫声也好，声音都被分成一个个音符，以二进制的形式存储。比特组合模式代表音符本身或播放声音时音量的大小！

有趣的指令

数字、字母、图片和声音都是信息，或叫做数据，电脑程序对这些数据进行处理。但电脑程序本身也必须存储在电脑里。怎么存？当然，还是按二进制字节的形式存！每一类指令（加、减、乘等）都有自己的二进制码。但这还不够，比方说，一个“加”的指令，需要把两个数字加起来。所以在内存中需要更多的字节来说明在哪里寻找这些数字——还要说明答案存放在哪里。

无敌运算

尽管字节无所不能，但电脑并不总能得出正确答案。袖珍计算器也是一种简单的电脑，可以用它做个小试验。

- 输入数字100
- 除以3
- 乘3

现在每个人都知道，如果把A除以B，然后再把所得到的答案乘B，那么得到还是A。问题在于，电脑不是这样的。记住，它们都是些傻瓜。因此你可能得到的得数不是100，而是类似于99.9999999的结果。

把钱退给我，我妹妹都能算出它的得数！
销售

下面是为什么电脑有时会出现错误的原因。100/3的正确答案是一个无穷数字。

33.33333333…

因为只能存这么多数字，后面的所有位数都得省略掉。也就是说在下次计算的时候，这些微不足道的比特就没法使用了，因此最后算出来的答案就不怎么准确了。

$$33.3333333 \times 3 = 99.9999999$$

这些微不足道的比特被称为“循环误差”，而且这种误差太小了，甚至可以忽略不计。（有些数学怪才把他们的毕生精力都用来证明循环误差无关紧要——简直让他们发了疯！）但有时，即使是最最微不足道的比特也会显得举足轻重……

▶ 圣·奥尔本的议会电脑计算多少人应该缴纳家庭税时，它没有得出整数答案，而是97384.7！这0.7个人要么就是循环误差，要么就是这个人根本不存在！

▶ 更严重的循环误差出现在由电脑控制的反导弹系统中。这种反导弹系统在海湾战争中被用来探测那些以沙特阿拉伯为打击目标的导弹——但是，在1991年2月25日，这个系统失灵，漏过了一颗导弹。为什么会这样呢？因为电脑所使用的表差了0.25秒，设计者忽视了循环误差，结果导致每秒钟差1/1000000秒。他们本来打算每天都关闭系统，并重新调整时间。然而，没有任何人对士兵提起过这件事。因为他们让系统昼夜不停地连续工作了将近5天。

当心！硬件和软件

计算机所遵循的基本步骤并不全是新的。原始人OG就已经常用了……

输入、处理、输出是任何计算机系统的3个基本步骤。例如，电脑运行一个文字处理程序会收到输入内容（比如说优美文章的词和句子），处理输入的内容（检查是不是有错字），然后输出结果（打印出一篇没有文字错误的文章）。

计算机系统可见部分就是计算机硬件。原始人OG的硬件就等于是：

▶ 输入设备——他的嘴

▶ 处理器——他的胃（只有打开他的胃才能看到处理过程。电脑也一样，它的“内脏”承担处理工作。）

▶ 输出设备——他的……好了，对这一问题，好奇心不要太强了！

下面是任何计算机系统中的一般硬件——以及与之相关的非常内幕！

▶ 1. 主机——计算机的“身体”。在里面可以找到处理器、内存条及承担全部工作的线路。

▶ 2. 硬盘——一种输入和输出设备，用来储存数M或数G信息。现在的硬盘都装在主机机箱里，不像1956年刚出现的第一个硬盘，有两个冰箱那么大！（这可能就是人人都认为那是一种制冷设备的原因。）

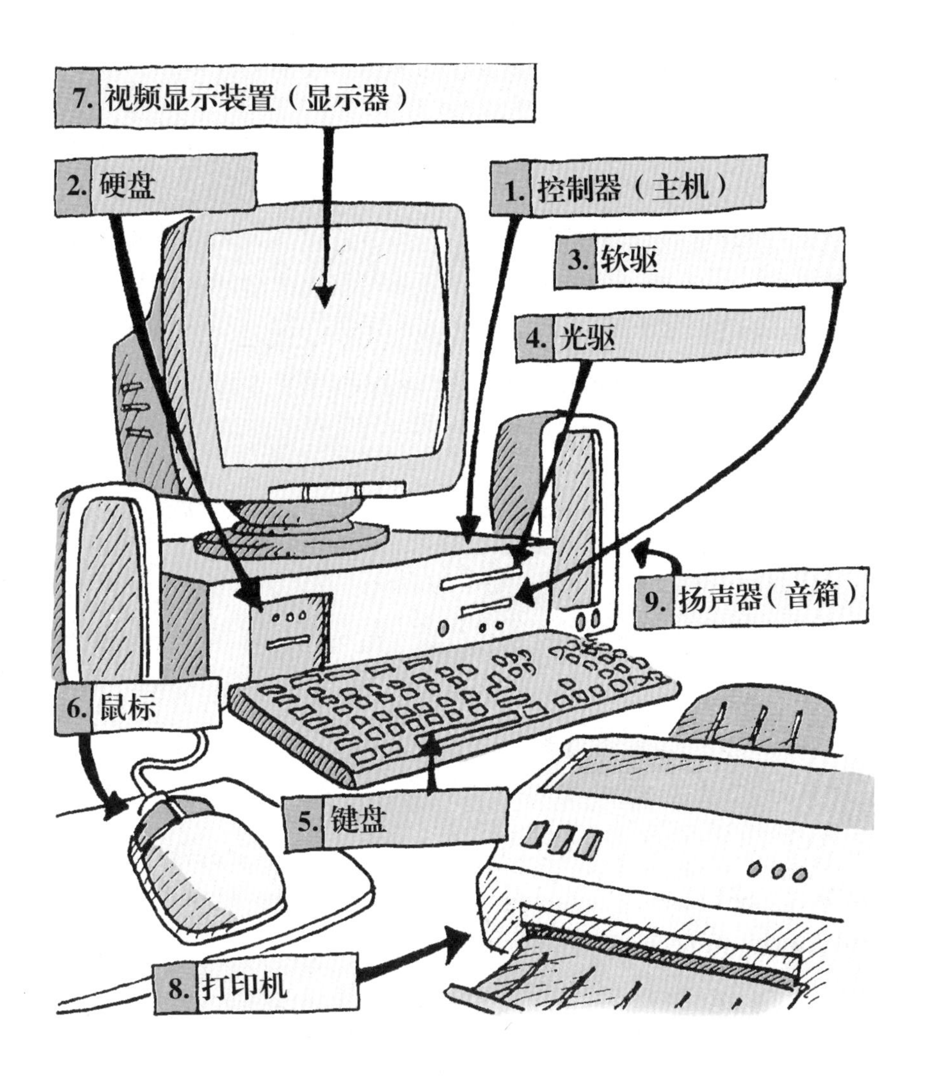

▶ 3. 软驱——也是一种输入和输出设备。软驱中可以放软盘，一张软盘可以储存的信息量不到1.5M。软盘可以放在口袋里随身携带，其形状如一块扁平的饼干。务必注意：千万不要把两者相混淆！软盘不能在茶里泡着吃！

▶ 4. CD光驱——光驱中可以放上一张圆圆的、光滑的、亮闪闪的光盘，一张CD光盘可以容纳680M的数据。因此，光盘很适合于存放图像或声音等这些软盘里面放不下的东西，因为这些内容都需要很大的空间。光盘的寿命也很长。据测试，一张光盘的寿命至少有50年。而且如果保存得好，其寿命最长可以达到4亿年！

▶ 5. 键盘——是一块板，上面有许多按键！敲一个键，相应的字符就输入到计算机里面去了。如果找不到合适的键，那就只能怪前人没有设计好。“标准传统键盘”这个名字在英文中就是“QWERTY”，这几个字母正好按顺序排在键盘的第一排。这种布局是从老式的打字机上沿袭下来的。这样做主要是让最常用的字母能正好集中在盲打者的8个手指的下面，便于使用。如果只用一只手打字，那么这种布局就没有什么用了。

▶ 6. 鼠标——一种通过在屏幕上的移动指针（也叫光标）来输入的工具。点击鼠标键也是一种简单的输入，告诉电脑开始对一个新位置进行记录。称之为鼠标是因为其外形及其用电线做的“尾巴”，这根线把鼠标与电脑连在一起。鼠标是1970年发明的，第一代鼠标模型是用木头做的，通过两个金属轮子滑动。

▶ 7. 显示器（视频显示装置）——主要的输出设备，用来显示从字到动画的所有内容。一些人认为整天盯着显示器会使眼球紧张。如果真是这样，那么VDU这几个字母的意思就是“伤眼器”。

▶ 8. 打印机——这是第二个重要的输出设备，用黑白色或彩色把结果呈现在纸上。这也是各种设备中最古老的设备，打印机是查尔斯·巴比奇1833年的设计中的一部分。

▶ 9. 音箱——输出声音，从人群的吼叫到令人毛骨悚然的尖叫。

非常内幕

不过，不是每一种硬件都是必不可少的。据用户反映，20世纪80年代生产的Amstrad PC1512电脑有很多缺陷。据传说是因为这种电脑没有一般PC中的散热风扇导致温度过高。Amstrad 的所有者艾伦·苏格说，他的计算机不需要风扇（风扇可以帮助主机中的电源降温，但PC1512中的电源不装在主机机箱里）。但这种谣言还在继续传播，销售量开始下降。苏格最后是怎么解决这个问题的呢？他只好改变其PC机的设计，包括增加一个没用的但噪声大的高速风扇——销售量又开始回升！

软件

软件是所有计算机程序的通称。它之所以神秘是因为你看不见它，这跟硬件不同。软件更像电，或原始人OG肚子中消化食物的胃液。人们根据软件产生的结果来了解软件。

作家写书、诗人写诗、老师备课、蝙蝠侠和罗宾行侠仗义——而电脑程序员编写电脑程序。这种名叫编程的活动——是一件很复杂的事。（这就是程序员的工资都很高的原因！）编程的主要步骤是：

图1

1.设计程序。这包括制定一个计划，描述出电脑必须完成的全部任务。

图2

2.用一种叫做程序语言的特殊语言把计划变成一行行的指令，这就是写程序。（必须首先学会这种程序语言，就像学一门外语一样，天哪！）

图3

图3（续）

3.把程序转化成二进制码。（不必担心，这一步不用程序员自己做！另外一种翻译程序能完成这件事，这种程序可以把用程序写成的指令转化成二进制。就不要问是怎么翻译的了！）

图4

4.把程序装入电脑，进行测试。

图5

5.如果成功了，大声喊“哟嗬”，并翻20个跟头。如果失败，回到第一步，找出忘了做的事情——直到程序能够有效工作为止。

哟嗬！

1米

可以看出来，最难的是第一步。如果漏掉一个重要的指令，电脑就要晕了！

但仔细想想，计算机要做的每一步都很困难，即便是那些诸如控制电子宠物的简易程序也是如此。对，那些可爱的日本玩具都是小电脑，由按钮输入程序，并输出到屏幕上。中间的处理过程是遵循一定规则进行的。

需要什么样的规则？这取决于玩具的类型。有的电子宠物是狗，有的是猫，有的是狮子，需要区别对待。想象一下你得到了一个……

电子宠物老师

电子宠物非常内幕

▶ 电子宠物是一个日语词汇，意思是“可爱的小蛋”，这是因为所有的电子宠物在刚刚启动的时候，其屏幕上都有一个蛋。

▶ 很多日本成年人都有电子宠物。一开始它是一种成人玩具，上面有一个钥匙环，提醒人们车钥匙和门钥匙放在哪儿。

▶ 全世界已经卖掉了5000多万个电子宠物。刚开始的时候电子宠物非常紧俏，花10英镑买的电子宠物可以转手卖500英镑，而现在电子宠物只有2英镑一只。

有了电子宠物，只要心爱的小老师一提醒，主人就得为宠物按下“关心”键。这一目标会让先生或小姐不停地努力追求一个100天的完整期限。

那么电子宠物老师需要哪种关心呢？有些电子宠物需要食物，不过给老师一些更需要的东西吧：一杯茶！不要拥抱，得让他们喊得响一点。不要去厕所……不，还是去吧，电子宠物老师喝了那么多茶，当然最需要上厕所！

这下面是老师一天的活动时间表：

8:30	喝一杯茶
9:00	在班里大喊
10:55	去厕所
11:00	喝一杯茶
12:00	在班里尖叫
12:55	去厕所
13:00	喝一杯茶
13:30	在班里咆哮
14:25	去厕所
14:30	喝一杯茶
15:30	欢呼

程序也肯定需要遵循一定的规则：

▶ 宠物老师“享年”100天。

▶ 如果在叫喊之后10分钟之内给他们救命茶，他们会精神焕发；否则其寿命会缩短1天。

▶ 如果在5分钟之内带他们去了厕所，他们会很高兴；否则他们会因失宠而折寿2天。

▶ 如果在1分钟之内允许他们大喊、尖叫、咆哮，他们会快乐无比；不然，他们的寿命会缩短5天（这表明号叫对老师的健康而言是多么重要）。

▶ 如果他们日趋衰亡，就会回家歇病假！

那么，程序是如何运行的？它必须遵循哪几个步骤？这是当天第一件事的图解：

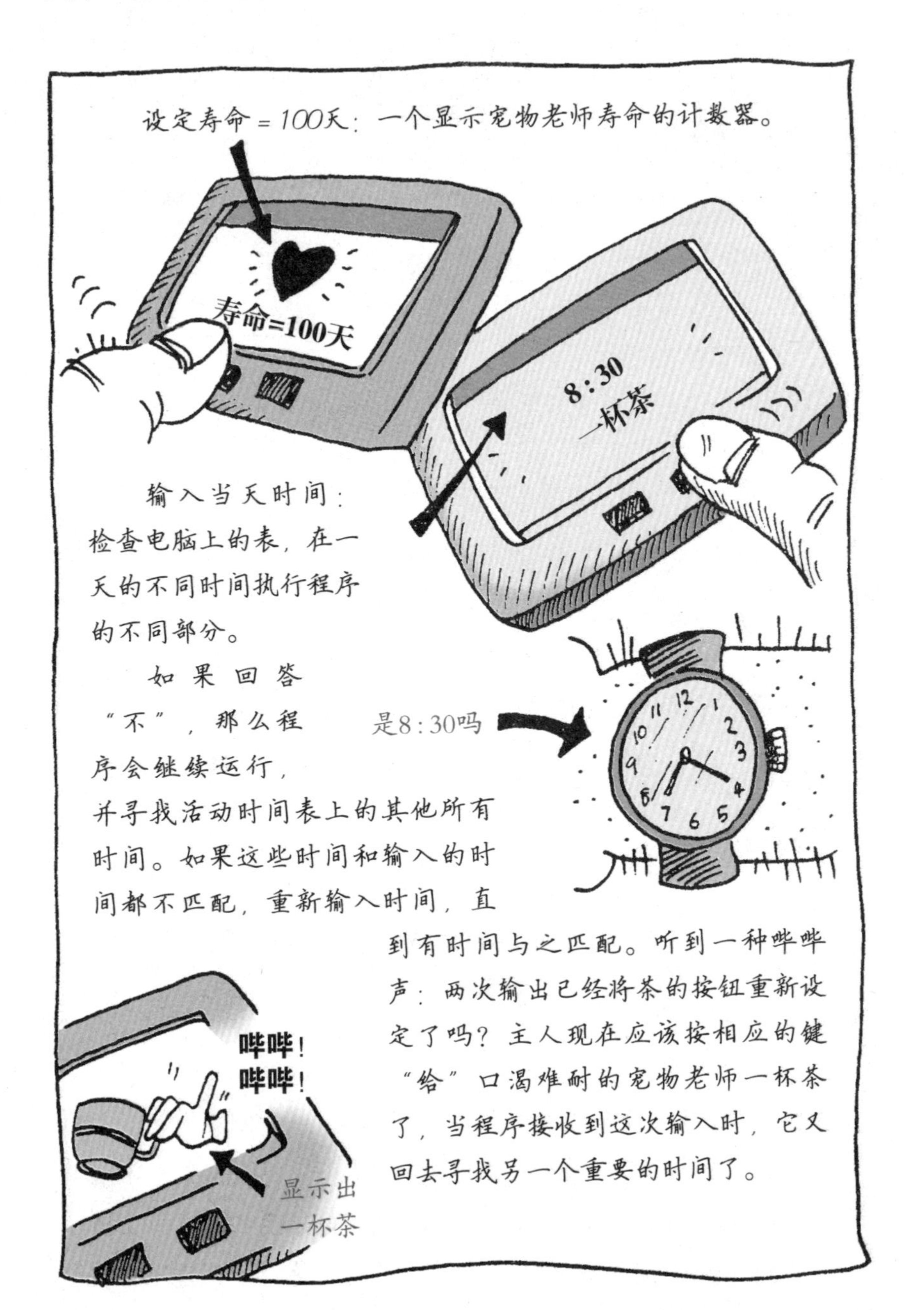

设定寿命＝100天：一个显示宠物老师寿命的计数器。
寿命=100天
8:30
一杯茶
输入当天时间：检查电脑上的表，在一天的不同时间执行程序的不同部分。
如果回答“不”，那么程序会继续运行，并寻找活动时间表上的其他所有时间。如果这些时间和输入的时间都不匹配，重新输入时间，直到有时间与之匹配。听到一种哔哔声：两次输出已经将茶的按钮重新设定了吗？主人现在应该按相应的键“给”口渴难耐的宠物老师一杯茶了，当程序接收到这次输入时，它又回去寻找另一个重要的时间了。
是8:30吗
哔哔！
哔哔！
显示出
一杯茶

如果回答是睡觉……

或是在做别的事……

（或者只是想折磨电子宠物老师一回！）

那么这次输入就不会到达……

等按茶键等了10多分钟?

程序通过核对时间可以算出它等了多久，时间一到，这一事件就错过去了……

也就是说老师因为误了一杯茶而少活一天！

回头再输入当天时间……

把寿命减去一天！

为了处理8:30事件，程序现在退回去等待下个时间的到来。这叫做程序“循环”……

早上没有茶喝的事情肯定会循环！

除第一步外（每次出事后都把宠物老师的寿命重新设定为100天没有什么意义！），其他所有的事情都非常相似。在9:00程序会让老师大叫，在10:55会让老师去厕所，等等。

不过，你发现有一个故意的错误了吗？这个错误是下面三者之一，是哪一个呢？

a. 老师会永远活着。

b. 老师每10分钟要一次茶。

c. 真正的电子宠物老师会要绿茶。

答案

a。尽管缩短了电子宠物老师的寿命，但当其寿命为零时，程序中并没有设置判断指令，因此他/她可以歇病假。因此，即使是寿命小于零，程序还会继续运行，你的宠物老师会永远活着！

这是个关于电脑错误的例子，有时是很小的错误，有时是很蠢的错误，但有时却是致命的错误！看看下面这些致命错误的例子吧。（长生不老的宠物老师已经更糟糕了，但有些例子差不多同样糟糕！）

出手阔绰，购买豪错

电脑有时候会坏，有时候会出错。这还不算，有时候它干脆罢工。例如，1970年，有人本来打算把一台叫“宁录”（Nimrod）的电脑安装在一架侦察机里……

该做什么

宁录电脑中途夭折了。还有一些也出问题了——一般是在本来以为可以正常运行的时候出错的。

下面是3台这种电脑活生生的恶作剧。如果你在场，你能阻止吗？

给火星人打电话

你被告知，由你负责向控制飞往火星的俄国航空器的电脑发送指令，你会怎么做？

a. 学俄语。

b. 学习准确地打字。

c. 学天文学。

答案

b。当操作员输入命令改变航天器的方向时，他敲错了一个键。结果，电脑开始旋转航天器，航天器的太阳能电池板也不再正对着太阳了。当发现错误的时候，航天器的电池已经用完了，已经无法再控制了，航天器就这样丢了。

急救

1992年，你是伦敦的一名救护车司机。救护车上引进了一套新的电脑系统，它会告诉你到某个地方该走某条路。不过你知道有一条近路，可以让你更快地到那个地方，你应该怎么做?

a. 听从电脑的指示。

b. 按自己的近路。

c. 向警察打听最佳线路。

答案

a。听从电脑的指示。这样它会知道你的救护车在什么地方，才能在急救中把你派到需要的地方去。不幸的是，很多司机都选了b。他们在报告他们的方位时也经常出错。更糟糕的是，这套设备和软件也总是错误百出。最后电脑地图便乱得一塌糊涂，辨别不出任何东西的方位。当它吃力地进行自我调整的时候，系统负担过重，甚至连急救电话都打不进来了。

手忙脚乱

1980年6月3日凌晨1:26，你正在美国负责战略空军司令部的指挥室，这个基地位于内布拉斯加州的奥马哈附近。突然你的显示器闪烁着发出警告，有两枚导弹正向你方飞来！你该怎么办？

a. 告诉你的炮兵做好准备，而且准备好发射已方导弹。

b. 等一会儿，看看情况。

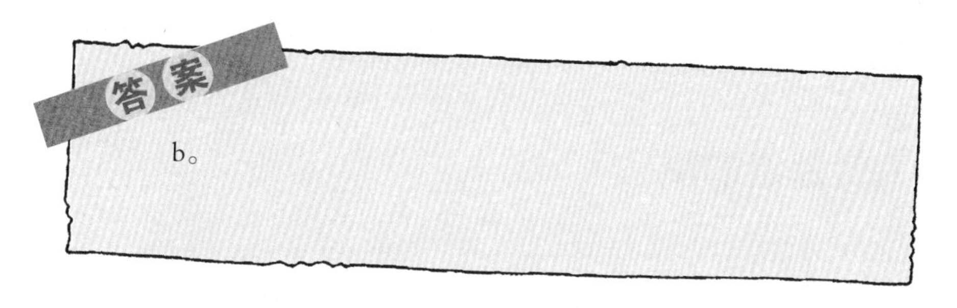

麻烦的是，一会儿之后，显示器信号发生改变，更多的导弹正在逼近，这时，你该怎么办？

a. 告诉你的炮兵做好准备，而且准备好发射已方导弹。

b. 再多等一会儿，看看情况。

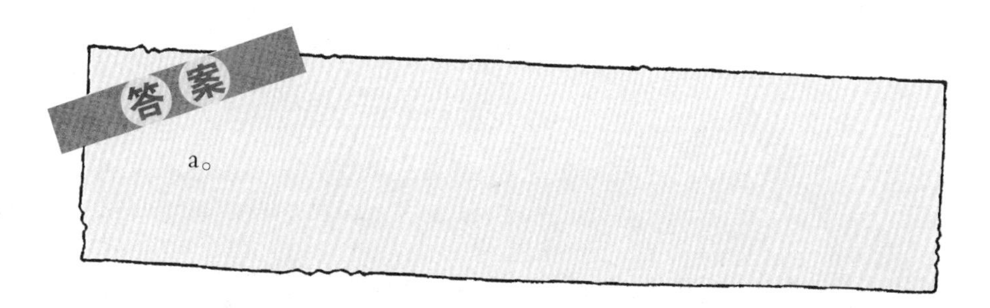

但是所有的人都各就各位的时候，显示器又改变了信号，这次说根本就没有发现任何导弹！现在你该怎么办？

a. 惊慌失措，发起第三次世界大战。

b. 钻到桌子底下，捂着耳朵。

c. 找工程师检查计算机。

答案

可能是a，也可能是b，但c最有可能。惊恐万状的高级将领的圆桌会议认定，电脑的警报是假的。事实上的确如此，这让他们如释重负。工程师来了，发现一个芯片坏了，它显示的是随机的测试信息！

究竟是谁的错

电脑为什么会坏，为什么会犯错？不是事先测试过它们吗？

是的，对它们都测试过。但有时不是程序的错误，而是使用者……

有毛病的病假条

你昨天上哪儿去了，柯里尔？
老师，我病了。看，我有病假条。我妈妈用她的文字处理器在电脑上写的。

这个故事编得不错。这个病假条是你写的，柯里尔。我能认出你的错别字来。
错别字？不太可能，我用了自动纠错的……

> 亲爱的布朗先生：
>
> 寓不得不泻这个请甲条，音为我的儿子马克斤天卜舒服。他大喷气，还流比提。
>
> 格雷斯 · 柯里尔

出什么错了？什么错也没出。自动纠错软件的工作方式是把接收到的字和它储存的一大堆字进行比较。因为柯里尔的病假条里虽然出现了错误的词，但是每个单字都写对了，所以这个自动纠错软件就不认为是错别字！

尽管电脑程序都被仔细地测试过，但还是会出现大量类似的错误。问题是，程序越大，越不容易测试到细节。有些小问题甚至很难测试……

现在是哪条路？

“好了，瓦茨。”高级数学教师赛克先生说。“今天给你讲些应用数学课，你要进行定向越野赛跑了。”

塔肯 · 瓦茨的课是单独上的，因为他很聪明。这也是他被叫做大头瓦茨的原因。

“定向越野赛跑？这个活动起源的方向是不是东方？”

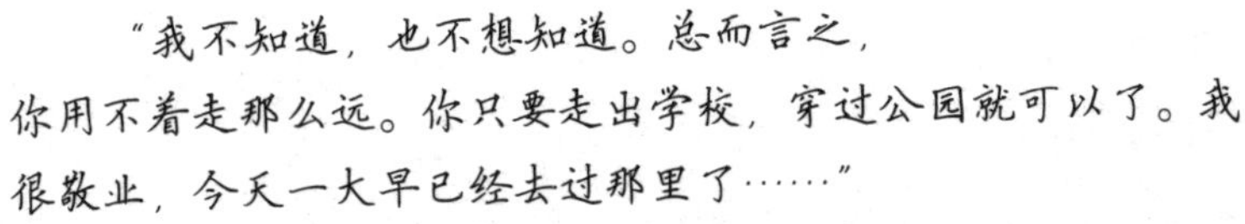

“我不知道，也不想知道。总而言之，你用不着走那么远。你只要走出学校，穿过公园就可以了。我很敬业，今天一大早已经去过那里了……”

大头瓦茨朝上翻了翻眼，“那我就没有必要去了，对不对？你告诉我那里什么样就可以了。”

“你去那儿不是看那儿怎么样，瓦茨。你到那儿去找找我做出的12个标记。这张图标着它们的具体位置。我要你找出它们之间的最短路线，这就是今天你专门要做的数学练习。”

“12个标记之间的最短路线？”大头说。

“是的，是的，12个标记之间。两个标记之间的平均距离是50米，总共才600米，瓦茨。在5分钟之内你就能全部走完。试试所有可能的路径，做完后回来告诉我。”

大头摇了摇头，“很遗憾，老师，我不能这么做。”

“什么，瓦茨，为什么不？”

“因为我会死的，赛克老师。你也会的，做完这件事需要4557年260天！”

这是怎么得来的呢？因为可能的路线数很大！大头找的第一个标记是12个中的任一个，第二个标记是剩下的11个中的任一个。所以仅仅把第一个和第二个标记可能的路线试一试就需要12×11=132次。继续把12个标记之间所有可能的路试完就有：

12×11×10×9×8×7×6×5×4×3×2×1=479 001 600条路线。

大头的估计是这样算出来的，每条路线大约需要5分钟，把这个数乘5就知道需要多少时间了。（还不能停下来。如果打个盹儿，时间会更长！）

这类问题就是测试复杂的电脑程序时冒出来的，这种程序有亿万条不同的“路径”。因为程序员会尽其所能地去测，但是也不可能把所有的路径都测试完毕。程序在穿过那条没有被测试过的路径时，电脑就有可能出问题。

震撼全球

正因为不可能对电脑的所有细节进行测试，因此很多电脑有时候会崩溃——即便不崩溃，也是如醉汉一般摇摇晃晃，令人担心。原因也很简单。假设你是一名解决电脑难题的高手，看看能不能找出下面这些令世界震撼的电脑错误原因。

1. 人们发现，在日本长野的一个邮局里，一个包裹发出可疑的“哔哔”声。赶到现场的警察原来以为他们发现了一个由电脑控制的炸弹。结果这个包裹并没有像炸弹那样爆炸，那么警察发现的是什么东西呢？

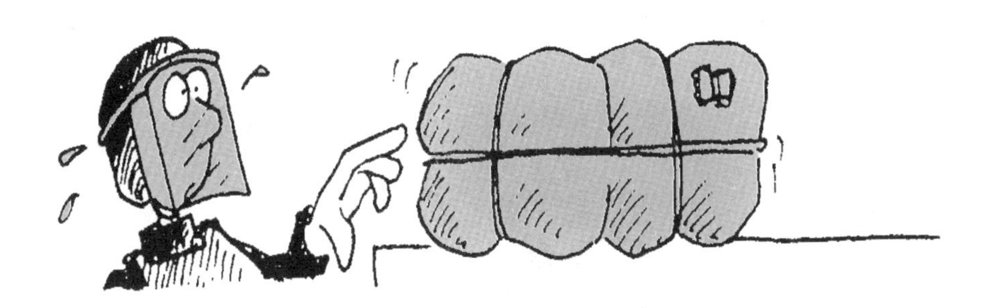

2. 这是在苏格兰的另一个与警察有关的问题。格拉斯哥的克莱斯顿希尔警察局的电脑显示器屏幕一片空白。警方怀疑这是犯罪。请来帮助他们的专家经过询问发现这不是犯罪导致的。那么是什么原因呢？

3. 1994年在巴西，根据电脑发出的指令，不允许双胞胎和三胞胎在竞选中投票。为什么不允许？

4. 一个美国军用卡车司机发现无法用他的信用卡支付午餐费。为什么不能？

5. 1997年3月，芬兰南部的所有火车都因为一张纸片而停止运行。这是怎么回事？

6. 在英国，英国煤气公司的一台电脑向无数顾客发送信息说，他们的煤气将被切断，因为他们没有及时交费。他们的确没有交费，但为什么他们不能交费？

7. 1988年，一台澳大利亚的电脑差点儿把一个编辑淹死，怎么回事？

8. 1992年，一家荷兰的化学工厂发生爆炸，数人死亡——这都是因为一个敲错了的符号。这是怎么回事？

9. 1995年，19岁的加拿大人索尼·沃克正在看一个法制电视节目里播出的嫌疑犯的头像，突然屏幕上出现了自己的头像！为什么会这样？

10. 1996年12月31日，新西兰一家由电脑控制的工厂因放假而被关闭。

这是什么导致的呢？

答案

1. 包裹里面有15个电子宠物，都“哔哔”响着要求“关爱”。警察来得太晚了，没法帮助它们，它们已经全部“死了”。唉！

2. 因为有人不小心把计算机的插头拔了出来，计算机根本就没打开！

3. 为了防止某些人重复投票，电脑根据出生时间和父母姓氏给每个选民都编了一个号！因此双胞胎和三胞胎的代码是一样的，只有先去投票所的那一个人才可以投票。

4. 他的货车装的是机关枪和各种军火，指挥部的电脑跟踪着他的货车。当电脑报告货车停下来的时候，操作员不明白司机是被劫持了还是停下来吃午餐而没有报告，所以他们只好给信用卡公司打电话，让他们修改电脑数据，停止这张信用卡的使用。当司机打电话给信用卡公司询问原因时，每个人都知道他在哪里，而且他很安全！

5. 纸片掉进了控制火车运转的电脑的键盘里，所以空格键失灵了。电脑工作被迫中断，导致火车停运。

6. 因为计算机还没有把账单发出去！

它们要我们在收到
账单之前先结账！

7. 人们用电脑来记录涨潮和退潮的时间，并刊登在澳大利亚的报纸——《堪培拉时报》上。不幸的是，计算机出错了。当编辑被卷到海里面去的时候，他发现了这个错误！不过，他回来后很快就修改了错误，确保以后不再发生这种事情。《堪培拉时报》是他的报纸！

8. “.”是用来表示数字的小数位，把小数位放错导致了控制化学混合物的电脑把混合物的比例弄错了。

酸后面是一个还
是两个逗号？

9. 沃克非常倒霉，他到银行的自动取款机上去取钱，但一小时前另外有人用一张偷来的信用卡在同一台取款机上取过钱。而摄像机上的表慢了一个小时，所以非法信用卡便与他的头像对应上了。一直到他的头像传遍加拿大各地时这个错误才被发现。

10. 控制工厂的电脑本应该是开着的，到第二天，即1月才关机的。问题是，1996年是个闰年，但电脑的程序被编写错了，电脑没有把闰日算上，结果提前24小时关了机！

别再烦我了

正如在震撼世界的恶作剧中新西兰问题所表明的那样，电脑在日期方面有问题。下面有两个例子，这两个例子之间有什么共同之处吗？

1. 1996年，一家汽车租赁公司买了一批新车。电脑中输入的详细资料表明，这批车应在4年之后被卖掉。电脑却回答，应该立即卖掉这些车，10英镑一辆。

2. 1995年，马克和斯宾塞的电脑控制系统把大量的咸牛肉丢了，尽管这些咸牛肉的保质期是5年。

答案

两者的共同之处就是著名的“千年虫”（Millennium Bug），一个让电脑把2000年当做1900年的错误。因此……

1. 当汽车租赁公司计算出新车的销售时间的时候，电脑碰到的是1900年——这使电脑认为这些车已经使用了96年了，早就过期了！这就是电脑回答说应立即卖掉的原因。

2. 咸牛肉变成废牛肉也是这个原因。马克和斯宾塞的电脑认为它们已经在罐头盒里放了95年了。

非常内幕

软件的问题第一次被叫做“虫虫”是在20世纪40年代。一个美国海军上尉格雷斯·霍珀正在用最早的电脑工作，这时电脑突然停了下来。她发现是一只虫子陷进了正在运转着的机器零件中，她报告说：“是虫子导致了电脑错误！”

之所以会发生汽车租赁公司和咸牛肉问题的原因在于，在设计程序的时候，只设计了让电脑储存日期的年份部分，而没有世纪的那部分。因此“1984”年只会被当成“84”来储存，而表示世纪的那部分则被丢掉了。

这就是与2000年有关的问题。丢掉世纪部分只会得到“00”——这样任何没有进行日期更新的电脑软件将会碰到下面两种情况中的一种。

- 认为日期肯定错了——停止工作！
- 或者，更糟糕的是，认为日期正确……而且就是1900年！

为什么电脑程序员会有这么愚蠢的安排呢？因为他们在开发软件的时候，电脑内存非常昂贵，所有的节约技巧都被采用了。除此之外，谁也没有想到他们的软件会用到2000年。

但是——如果持续的时间更长会怎么样呢？

日期：2999年1月1日

来自：地球行星公司总裁，皮尔·E.盖茨

发往：全体电脑程序员

嘿！新年好！现在离一个至关重要的日期只有12个月了，我不是说我伟大的祖先比尔·盖茨最终攒够了钱把地球买下来的975周年纪念日。我说的是一个新的千年——3000年！

这就是我写这份备忘录的原因。前几天我们打开了时代文物密藏容器，那里面的文件表明上一个千禧年2000年引起了诸多问题。在上一个千禧年来临之前，许多问题已经被预见到了：

- 银行和信用卡电脑支付100年的利息；
- 飞机不起飞，因为订票的电脑认为它们已经在起飞前（1999年）就到达了（1900年）；
- 女王向新生婴儿致电祝贺他们100岁生日快乐；
- 各种电脑化的设备都会停止运转，因为它们认为它们已经运转了100年而没有被检查过。这些设备包括：喷气式飞机、安全摄像机、交通信号灯、火警器、录像机、自动售货机、高速公路标志、加油泵、自动贩卖机、超市收银机……

当然，并不是所有的预言都实现了，但确实有一部分变成了现实。现在要依靠诸位程序员共同努力，平安度过这个千禧年。在2000年的时代文物密藏容器里发现了一些令人心碎的笔记，我不想再看到诸如此类的东西。这些记录如下——

我的新年

我的新年糟透了，真的烂透了。我的生日是1月1日，爸爸去银行取钱，但他什么也取不出来！电脑从银行的安全角度认为日期倒退了，所以只好关门，尽管这是错误的——为了“安全”起见。银行经理说：“哈哈，真有趣。”我可没那么认为，因为我没有拿到礼物！

梅格·A.贝蒂

同胞们，我们不能让3000年再发生这种事情了。如果一个痛爱孩子的爸爸想给他的宝贝买一个生日礼物，我希望你们能保证他能拿出他自己的那100万来！

我的新年

我没法用电话了！就在午夜之前，我本来想给我的朋友打电话祝她2000千禧年愉快。第二天电话就被切断了！电话公司的电脑把日期弄错了，它认为我是从1900年开始打电话的，一直打了99年而没有付钱！

瓦特·A.麦斯

我也不想看到这样的故事。如果孩子们想通过可视电话给他们在半人马座阿尔法星上亲爱的外星小伙伴打电话，那就让他们毫无困难地打吧。派对也要同样顺利……

我的新年派对

我们几个小伙伴去瑞奇瑞可的顶层参加一个盛大的午夜派对，那里是我们的一个小伙伴的爸爸的办公区，有几个伙伴已经上去了。在将近午夜的时候我们几个上了电梯。更糟糕的是，在我们快要到顶层的时候，午夜的钟声敲响了，随后电梯就停了。因为控制电梯的电脑突然想起来电梯已经100年没有维修了！我们整夜都被困在那里了！真是令人沮丧！

阿尔夫·卫普及阿尔夫·卫顿

那么，程序员们，我们的目标是让3000年成为没有抱怨的一年，好吗？不过，下面的情况还是允许的。

我的新年

我讨厌电脑程序员！电脑程序员把我们学校的电脑修好了，我真不希望那样，如果他们不碰电脑的话，他们就会把2000年当做1900年，就会认为我是89岁而不是11岁！然后他们会告诉我现在可以离开学校了！那我就可以马上离开！总之，我讨厌电脑程序员！

雷斯·E.邦斯

当然，这是开玩笑！我们在3000年看不到这样的信了，因为现在的人都能活到600岁，他们一直要在学校里待到90岁！

那么，程序员们，好好干吧，不要千年虫！

让我们把3000年变成值得纪念的一年！

非常内幕

注意2000年的12月31日！那是另一个危机四伏的日期，因为2000年是“不平凡”的闰年（以“00”结尾但又能被4整除的年份一般不是闰年）。所以没有把2000年设置为闰年的软件在2000年12月的最后一天之前是不会出问题的，当它们发现这一年比所预料的多一天的时候，就会麻烦不断！

"支离破碎"的电脑

如果你的电脑出问题了——尽管在什么时候发生无关紧要——你会怎么办?

请一个工程师

1986年，苏联一个导弹基地的一台复杂而又昂贵的导航电脑发生了故障，于是他们请了一位工程师来。而，据《世界新闻周刊》报道，请工程师是他们最大的失误。赶来的工程师过去是修发动机的。

他绕着显示器转了一圈后，就断定一定是什么东西锈住了。

他的解决方法是什么呢？往里面灌油！结果呢？电脑控制中心的每条线路都爆炸了，而且花了6个星期的时间才把这台电脑重新拼到一块儿！（至于那个工程师，早偷偷溜了，还说什么"滴上一滴油，万事不用愁……"）

自己"搞定"

1997年7月，一个家住华盛顿的哥儿们认为自己无所不能。他的PC坏了之后，他非常恼火，于是他干净漂亮地"搞定"了它——对主机开了4枪，然后又对显示器屏幕补了1枪，枪毙了那台PC！

攻击

1988年，一个女和平运动者采取了类似的过激的行动，但规模大得多。她对一台价值10亿美元的计算机发动了攻击。她以为造出这台计算机是用来发动对苏联的攻击的。她用了撬杠、锤子、电池式钻机、老虎钳及灭火器成功地摧毁了这台机器。作为"奖赏"，法院判她入狱5年，罚款50万美元。

若起初就没得逞

但究竟是什么原因促使一位名叫史蒂芬·摩尼的作者在1997年想对他的移动电脑施暴呢？

- 踢；
- 保存文件时摔到地上；
- 扔到人行道上；
- 在水和可乐里泡；
- 用脚跺；
- 把车倒回去碾。

答案

他在对它进行测试！厂家宣称这台电脑是防意外型的电脑，而他正在为一家杂志写有关这种电脑的文章。而且，这台电脑通过了这样的测试。除了几处划痕和把手咯吱咯吱地响外，它仍能正常工作！（注意：不要用这种方法去测试学校里的电脑！）

美味可口

还可以学学法国人迈克尔·罗托的所作所为——吃掉电脑！他为什么这么做？不是因为他看破红尘，而是因为他有喜欢吃古怪东西的嗜好。几年来，他已经吞掉了18辆自行车、15辆超市的推车、7台电视、6个烛台、2张床和1架小型飞机！那他为什么吃电脑呢？他肯定听说电脑里面有很多字节！

无所不在

电脑也并不总是出问题，如果不出问题的话，那可真是交了好运了。现在电脑被广泛应用在各个领域里，如果它们总是失灵的话，那么整个世界将会停止运转。

因此，当你打开计算机，用电脑进行工作的时候，你是不是能觉得你自己也被打开了？当电脑在屏幕后面嚓嚓响的时候，你能猜出什么来吗？把你的答案输入下面的判断真假的小测试中，看看能得到多少分。

1. 在英国，泰晤士火车公司有一列电脑控制的火车，如果天太冷，就拒绝工作。

真/假

2. 计算机也被当做选美比赛的裁判。男女选手彼此竞争!

真/假

3. 在纽约的麦悉百货公司里，一台电脑在帮助顾客试游泳衣。

真/假

4. 如果你在后花园里发现了一个未爆的炸弹，排弹专家会带着电脑来，以便咨询。

真/假

5. 在一次实验中，600条欧鲽被装上芯片后放回北海，渔民每抓住一条就可获500英镑酬金！

真/假

6. 如果你不喜欢有电脑的工作，你可以去做一名交通管理员。

真/假

7. 追捕杀人凶手的警察会用电脑把受害者的照片变成一副骨架。

真/假

8. 在爱尔兰，必须在每一匹登记过的马的脖子里插入一块芯片。

真/假

9. 1998年8月，一台电脑把巴黎迪斯尼公园的失控火车停了下来。

真/假

10. 电脑为奶牛制订健康方案。

真/假

答案

1. 假。但他们的火车确实有一个电脑控制的系统，可以在结冰的铁轨上撒沙子，这样在寒冷的天气下也能行驶。

我敢打赌，装上这台电脑后
你会非常高兴，对不对？

2. 真。不过这次比赛不是根据起伏部位的尺寸来判别的。它依据的评判标准是，漂亮的脸应该是对称的，也就是说两只眼睛与鼻子的距离应该是一样的，等等。参赛者的脸被输入到电脑里，电脑计算出哪张脸是冠军。

3. 真。电脑把泳衣套在与顾客自己的体型相配的模型上并在屏幕上显示出照片。

4. 真。电脑里有一张光盘，里面有成百上千种不同类型的炸弹的详细资料，以及如何安全处理的具体措施。因为炸弹经常被严重锈蚀，这个系统也能辨别这类炸弹，并根据获得到的细节提出建议。

这个炸弹在滴答滴答响啊！电脑怎么说的？
跑！

5. 假。奖金只有25英镑，别的都是真的。目的是想发现鱼是怎样游动的，以便渔民能尽快找到它们。

6. 假。交通管理员用手提电脑获取汽车牌号，并打印停车票。

7. 假。恰恰相反。如果发现了值得怀疑的骨架，警察可以通过一种程序显示出如果这个人活着的话，他的脸会是个什么样子的。或者，如果他们特别怀疑是某个特定的人，可以把这个人的脸和头骨相比较。

呃……这个头骨是一个叫瑞沃的9岁的狗的！

8. 真。这个芯片可以确定马的主人，而且马跑丢了的话，还可以用芯片跟踪它。

9. 真。电脑监控着主题公园内的车道，并控制车的行驶速度。如果探测到什么问题，就会关闭车道——这就是发生在巴黎的迪斯尼乐园里的失控火车的情况。火车在飞驰穿过一个隧道之前停了下来。不过游客也不轻松，他们不得不在峡谷上面待20分钟。

10. 假。但它们能为自己设计个人菜单！现在奶牛场给它们的奶牛装上微芯片标签，并与电脑连在一起，可以记录奶牛们的饮食量、产奶量、含乳量以及其他各种信息！

答对几道题

全部答对：你不需要电脑，你自己有一个和电脑一样的大脑。

答对4—9道：修改一下程序，你就可以正常运转了。

少于4道：你敢肯定你的记忆没有被抹掉吗？

巡航式电脑内幕

在伦敦马拉松赛的参加者的跑鞋上都附着一块叫“冠军芯片”的微芯片。当他们经过放在整个赛程上的特殊垫子的时候，芯片会向电脑返回一种信号，这样可以明了这位运动员是谁以及他已经跑过的距离。当他们穿过终点线的时候，电脑会把时间记录下来，比赛结束后电脑会把结果打印出来。是怎么做到这些的呢？当然是让电脑程序“奔跑”！

我的电脑在注意你

正如“无所不在”的测试所表明的那样，利用电脑的途径千变万化。但就因为它们能做各种不同的事情，它们就会始终有令必行吗？

听起来有点像世界著名侦探家的调查……

与超市购物者隐私相关的神秘案件

华生博士从椅子上站起来，悠闲地向贝克街对面的房子走去，看到他的好友夏洛克·福尔摩斯是怎么鼓捣他的电脑的。“福尔摩斯，我的老朋友，如果你再在电脑前坐一会儿，你的眼睛就成方的了。”

夏洛克·福尔摩斯的眼睛从屏幕那里移开，瞥了他一眼。“必须与时俱进呀，华生。我只是在研究我们现在的案子。”

“是那件老师和那个满身果酱令人讨厌的学生的案子吗？”华生吸了口气说，“就是上星期五陪着那个粗野的小男孩来过这里的那个老师，那个男孩要求你查出是谁在午餐后使坏，把樱桃果酱倒在他身上，然后把他推到学校中一个离马蜂窝不到5米的保留区内的？”

“精疲力竭小姐和大帝·.哀鸣，”福尔摩斯点点头，“就是那个老师和那个学生。”

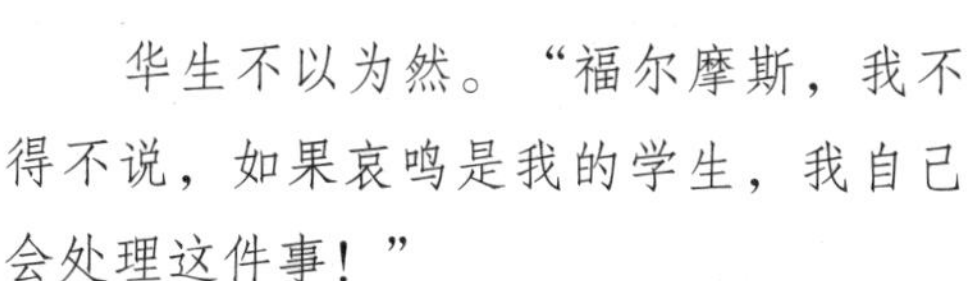

华生不以为然。“福尔摩斯，我不得不说，如果哀鸣是我的学生，我自己会处理这件事！”

“这也是我初次碰见精疲力竭小姐时的可疑之处。”福尔摩斯说，“这就是我会问她那个问题的原因，你还记得吗？”

“记得，”华生说，“你问她是否有超市的购物卡。”

“她的回答是什么？”

“有购物卡。但我不明白这些事对你有什么帮助，福尔摩斯。”

这位伟大的侦探根据显示器上显示的信息做了最后一次记录，让电脑存盘后，很潇洒地关掉电脑。

“很快就会真相大白了，华生。”福尔摩斯一页一页地翻着他那记得密密麻麻的笔记本，“但首先，你自己看一看。这是我发现的一些有关精疲力竭小姐的一些东西。”

姓名：耐心·精疲力竭

出生日期：1971年2月20日

职业：教师

每星期五的中午12点到下午1点进行购物。

开着一辆小巧别致的红色车。

看《月球日报》。

有一条狗。

属健康饮食者，她的日常饮食包括：

全麦面包　低脂人造黄油　意大利面食　烘豆　玉米片

苹果和橘子　半脱脂牛奶

有时候，她也会改变一下伙食，买上一大瓶草莓酱。

华生眨着眼，翻着一页又一页的笔记。“我的天，福尔摩斯，你到底是怎么得到这些个人情况的？”

福尔摩斯微微一笑，“一个在超市电脑中心的熟人欠我一点人情——我向他要了一份精疲力竭小姐的生活档案。”

“你是说……包括我在内的任何人，无论什么时候……用这些卡在圣诞节的时候买点奢侈品，积点分——连这样的信息也都输进电脑里了？”

“差不多吧，华生，诸如你喜欢穿男子汉牌内裤之类的情况也肯定被存在了电脑的某个地方。”

“我认为我们不需要探究这些情况！不过，告诉我，精疲力竭小姐的资料都只放在一台电脑里面吗？”

“就一台，”福尔摩斯严肃地说，“其他700万名顾客的类似的信息也只放在一台电脑里。对这些资料稍加推断就会发现与这个人相关的大量线索——这正如我在精疲力竭小姐的案子中所证明的那样……”

（待续）

非常内幕

一个超市连锁店的电脑发现大量晚上购物的顾客在购买尿布的同时往往都买一些啤酒，这种现象非常明显。超市的人于是断定，这些购物者一定是被妻子派出来买尿布的先生，他们在买尿布的同时都要储存点儿啤酒。超市的主管就把啤酒区搬到了儿童用品区的附近。这样，他们希望更多的婴儿能和爸爸一起吹瓶子。

（续）

这位侦探然后浏览着他列的条目，提到一条就轻轻地敲一下。

“申请购物卡的时候必须提供姓名、职业和出生日期。然后，无论什么时候用，日期和时间都被储存起来。通过这种方式，就可以形成一个活动模式。我就是通过这种方式了解到她通常在星期五午饭时间购物的。”

“那么，与案子相关的那个星期五，精疲力竭小姐在超市吗？如果在的话，那么她就有了不在场的证据了。”

“她是在那儿，华生。但进一步看，这位小姐定期来买汽油，而且购买数量不大，这表明她的车不大。她还花钱洗车，我可以断定她的车很干净。”

“真是令人吃惊，福尔摩斯！”

“正如你在我所列的条目中所看到的那样，她定期购买的有健康类食品，还有《月球日报》及数听狗食。”

“因此，你还知道了她的阅读习惯和所养的宠物！”华生惊奇地摇着头。

“现在，”夏洛克·福尔摩斯说，“我们回到问题的关键上来。尽管精疲力竭小姐是一个健康饮食者，电脑表明她时常禁不起诱惑购买大量的草莓酱。”

“是记录里表明的吗？”

“的确是，华生。在数月内经常出现的商品就会被超市看做是定期购买。因此，经过排除，就可以确定哪些商品被购物者看做是奢侈品了。”

“对精疲力竭小姐而言，超大瓶草莓酱就是奢侈品？”

“对。而且，在确定这些商品后，超市会努力用忠诚积分诱惑购物者购买这些商品。”

“而且星期五的大罐果酱就是额外积分。对不对，福尔摩斯？”

“的确如此！”

“情况似乎开始对精疲力竭小姐有点儿不利了。”华生慢慢地说，“但——不对！你不是说当那个倒霉的大帝·哀鸣被弄脏的那个时候她在超市吗？”

这个大侦探家指了指最后一条信息。在购物单的底部是时间。

“上个星期五，精疲力竭小姐最后离开超市是在12点52分，她有足够的时间回到学校让哀鸣洗个草莓酱浴，这让他哀鸣不已。”

“太精彩了，福尔摩斯！而且全部是从储存在电脑中的顾客的信息推断出来的。”

“非常正确，”福尔摩斯叹了口气，“可以结案了。”

“但……你叹什么气啊？你又一次展现了你独一无二的推断能力。”

福尔摩斯严肃地摇摇头。“恰恰相反，华生。随着对这些信息的搜集，超市主管们用电脑恰好在做着我所做的事——但他们是针对每个顾客。”

“我的天呀，福尔摩斯！”

“你感到吃惊是正常的，华生，一点没错。我们正在变成主体力量，但不是超级市场的，而是窥探者市场的。”

“我们知道我们的顾客购物的频率，他们孩子的年龄，以及他们是否养猫、狗或鹦鹉。”

——某超市主管

非常内幕

据估计，大多数成年人大约有200个包含他们个人信息的电脑文件。

任何组织都可以把关于你的资料存到他们的电脑里面——而且你无法阻止他们！法律认为他们可以这么做，只要打电话告诉数据保护登记处的某个人，说他们在电脑里保存了个人数据就可以了。法律还规定公司（不是警察）必须告诉你他们保存了关于你的什么资料。但有一点需要特别注意！要想找到你的资料，你必须付费！听起来更像数据保护诈骗！

把电脑联到一起

还有什么比电脑更强大的吗？那就是把两台电脑联到一起！还有比这更厉害的吗？把成千上万台电脑联成网络，那功能就会变得更强大。

当网络运行时，当然了……

我们现在有麻烦了，脓包，除了后面，敌人把我们全部包围了，知道什么意思吗？

是不是我们后面没有危险？

现在是把我的信息网络投入使用的时候了，我已经让人每隔一段时间给我传送信息，一直传到总部为止。

不能把它写下来，现在是战争时期，保密是非常重要的……

所以你只能记住这个情报，脓包，你能做到吗？
呃，您能再重复一遍问题吗？
现在仔细听着，这个情报是“我被敌人所困，请速派援兵”，记住了吗？
记住了，长官。
好小伙子，赶快出发！

脓包走了，他希望他能真的记住这个情报。

3天后……
我回来了，长官。
啊哈！脓包，真是网络的效率，给我什么答复没有？
给你这个，长官。
什么？这是什么？我的情报是“我被敌人所困，请速派援兵”。

当我告诉第一个人的时候没有记住你说的每个字，我想他告诉第二个人的时候肯定也忘了一些……所以很快……长官！

那最后传到总部的是什么样的信息？
呃，“没有带钱，送4便士！”

电脑网络的设计理念就是，一台电脑上的信息可以毫无差错地传输给另一台！（不像血吸虫上校的情报那样被误传。）这种性能十分强大，特别是电脑不在同一地点而是遍布世界各地的时候。

你可能会想这会是更大范围的灾难。恰好相反，历史表明，电脑网络实际上就是为了防范灾难——一个非常大的灾难而发明的……

电脑网络的历史

20世纪60年代　第一个网络的建立是为了把美国各地的军用电脑联在一起。当初的想法是如果一台电脑被炸毁了（更不用说电脑所在的建筑物，及建筑物所在的城市），那也只是一件跟网络上另一台电脑相联的事。

20世纪70年代　这个系统运行得很顺利，以至于美国的大学也开始联网，交换学术成果（还可以玩多用户游戏，像“龙与地下城”），很快其他国家的大学也进行联网了。（他们也想玩游戏！）

20世纪80年代　网络之间也开始联网了！不同国家的电脑现在可以互相对话了（也可以在国际间一起玩“龙与地下城”了），这种系统被人称为因特网（Inter-net）。不过使用起来并不简单。这有点像打电话，但是没有电话

簿——你只能访问你知道地址的电脑。

20世纪90年代 瑞士舍恩公司的汀·柏纳斯·李对这种方式深恶痛绝，他自己设计了一个叫万花筒的浏览器。这有点像黄页的电脑版，给程序输入一个主题，它就会搜索网络上有关的所有信息。全球的网络有了一个新的名字：万维网（WWW）。

21世纪初 万维网会发展得怎么样？看样子是发展得非常快！1997年，因特网上大约就联了400万台计算机，有30 000个接入的局域网络——总共有3800万用户！

非常内幕

研究者很奇怪地发现，每周同一时间联入因特网的用户明显减少，最后他们查看了电视节目表，才发现这段时间里网络浏览量之所以下滑，是因为《X档案》同时也正在热播。

不可思议的互联网

进入互联网就进入了一个不同的世界，你可以访问很多地址，即网址（就像你访问别人的家一样）。你可以通过你知道的

网址直接访问，也可以在网上冲浪的时候发现它们。

比如说你想在网上拜访一下伊丽莎白二世女皇，这很简单，女皇总是在家上网恭候你！英国皇族的网址是：

www.royal.gov.uk

接到他们的网站之后，你就可以在里面游览皇宫了，了解很多有关英国皇族的历史等等。

更多的东西。这个地址看起来有点古怪，但每个部分（用圆点隔开的部分）都代表着一定的意义……

▶ www——是万维网（world wide web）的缩写，这代表着一类网址，而不是别的类型的网址。

▶ royal——告诉你网址的主人。

▶ gov——是一个世界范围通用的“政府”（government）的缩写，英国皇族也是政府之一，所以也要用“gov”。其他通用的如com或co，它们代表公司（company）的意思。

▶ uk——网址中囊括范围最为广泛的一项，代表着网址所在的国家。世界上每个国家都有自己的两个字母的代码——只有一个例外。因为因特网起源于美国，要在美国网站的网址上加上代码，工作量未免太大了。所以没有国家代码的网址就是美国网站的网址。

当你想更深入网址的下一层时，情况还可能会更复杂。比如，浏览一下英国皇族的图书馆怎么样？只要在原来的网址后面键入几个字母，你就可以访问了：

http://www.royalcollection.org.uk/index.html

这就是因特网的伟大之处。你还可以通过别的途径，访问一些你从来没有到过的地方，比如说……

▶ 华盛顿的白宫。无须忍受各种有关总统的长篇大论，只需要输入这个网址就可以了：

http://www.whitehouse.gov/index.html

▶ 伦敦唐宁街10号。你不用劳神还得被幸运地选中，冲破国会的重重阻力才能达到目的，现在你只要键入：

www.number-10.gov.uk/index.html

就可以去四处看看了。你或许还可能被邀请去参加一个讨论团，也发表点有关政府行为的言论。（“政府应该支付孩子的教育费用！”“制服挺好的，为什么老师却不穿呢？”）

技艺精湛的网上冲浪

“到网上去冲浪”——就是从一个网点到另一个网点的想象力之旅——其实这很简单。而且你还不会浑身湿漉漉的，灵巧的超文本链接会帮你把所有的事情都做完。

你可以在浏览的网页看到一些下面画了线的词或句子。单击它，它就会像弹簧一样弹到屏幕上来。你已经跳到了另一个网址上面！但是要记住，上网不是免费的。如果你在网上待得时间很长，那也是一笔数目不小的开支。

因此，试试下一页的网上冲浪，看看你是不是能把网址和计算机屏幕上画线的词搭配起来。如果都做对了，你是一个技艺高超的冲浪者；如果都错了……你是一个可怜的跳水者！

网络游戏——

让我们一起享受一下网络游戏带给我们的快乐吧。

1

需要发送一张生日贺卡吗？上网吧，网上有可以让你自己设计贺卡的地方，然后帮你寄出去！一些人认为，以后纸质的贺卡可能会消失。在一次调查中，43%的人说他们在2000年时给亲朋好友发送电子贺卡。如果你的奶奶不上网的话，这可就麻烦了！

2

想知道其他学校的学生生活也和你的学校一样辛苦吗？很多国家的学校都有自己的网址。可以用“学校”（school）或“教育”（education）来检索。不过，这些网页很多都是由老师做的！

通过因特网，
就可以看到星星
各地学校里的朋
费的！你要付电话
体育爱好者，否则
得不到！

3

你可以浏览著名的肯尼迪太空中心，可以在那里找到所有关于NASA（美国国家航空局）太空计划的内容，甚至可以看到火箭发射的现场录像！

（www.ksc.nasa.gov/）

4

观看一棵咖啡树的成长！当咖啡豆成熟的时候，它们就得被拿去做咖啡了。那这个网点是不是会全是咖啡豆了呢？不会，一批咖啡豆成熟了，一个新的过程又会重新开始！

（www.menet.umn.edu/coffeecam/）

答案

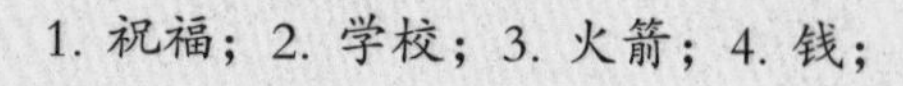
1. 祝福；2. 学校；3. 火箭；4. 钱；

有关体育新闻和信息的网站很受欢迎，在1996年奥林匹克运动会的17天内，1.89亿人访问了奥林匹克网站，3400万个网页被浏览过。

坐太空火箭
可以向世界
但这不是免
你的父母是
一个子儿也

6

关于电影明星、体育明星、歌星的网站也不计其数。你只需要在这个网址中输入你最喜欢的人的名字就可以。

（http://www.yahoo.com/entertainment/music/arts/）

7

还有关于其他热门人物的网站也多如牛毛。想要一顶免费的棒球帽或一包花种吗？有很多网站提供了各种免费资源的信息，在搜索引擎上输入“免费赠品”就可以找出他们的地址。

8

流行的电视节目像“朋友”，肯定会有很多网址和新闻集团关注的。你能找到什么东西？节目开始了，在接下来的时间里会发生什么呢？不同国家的肥皂剧迷们可以通过网站来互相告知他们已经看过的情节。

5.运动员；6.明星；7.免费资源；8.朋友。

非常内幕

当年英国广播公司（BBC）宣传他们的网址（www.bbc.co.uk）时，说这是一个值得访问的地方，有几个靠补助金生活的人不太明白这是什么意思，他们开车到当地的英国广播公司电台，希望能看看他们听说的这个地址。

内容丰富的新闻组

新闻组有点像因特网上的公告牌。加入新闻组后，你可以发送你自己的信息，也可以读到别人写下的东西。

大约有12 000个不同主题的新闻组。大多数都是挺有看头的，像讨论体育和兴趣爱好的新闻组。但有一些却是很无聊。你想看看关于外星人或是奶牛的信息吗？那就加入他们的新闻组吧！

快乐的聊天室

因特网用户另一种互相接触的方式就是通过一种叫聊天室的系统，简称为IRC。这只是多用户交谈的另一个富丽堂皇的名字而已。你可以参加一种特殊的“聊天室”——比如说肥皂剧的讨论——你可以把你想说的东西都键入进去。每个人都可以看到别人输入的东西，所以他们就可以互相用电子语言进行闲聊了。不过有时……

1997年，VH-1音乐电视台组织了一次现场与保罗·麦卡尼的网上聊天，给观众90分钟的时间发送问题。他们总共收到了200万个问题——足够让麦卡尼聊上4年的了！

美妙绝伦的E-mail

这种新发明的电子邮件是怎么回事啊？
电子邮件并不是什么新生事物，它在1970年就已经出现了。只是大多数人在因特网上普及之前都没有听说过而已。E-mail就是电子邮件的意思，速度很快！

快？哈！那么我们可以比一下吗？

弗瑞德手写，弗瑞娜则通过打字……

刷！刷！嗒！嗒！嗒！

他们同时写完了信，然后弗瑞德在信封上写了地址，而弗瑞娜敲入了收信人的E-mail地址……

他们又同时完成了……

嘿，没有比这更快的了！我只需要贴一张邮票就行了……

弗瑞娜敲了一下回车键……

我赢了！
什么？
你贴邮票的时候我的信就已经到了！

是的，通过因特网发E-mail就那么快。难怪一些网络的经常用户会把投到你门口的信称为“蜗牛邮件”！

你可以把同一封信的复件同时迅速地发给不同的人。他们肯定都能收到。有时候也可能你还在看那条信息的时候，软件就已经把信息送出去了。

而且你不仅仅只能发送文字，任何可以储存为计算机里的文件的信息都可以通过E-mail发送。所以，你不仅可以给你世界另一头的朋友写俏皮信，还可以给他们发送照片、录音，甚至是录像！

非常内幕

要给别人发E-mail，你要知道他们的E-mail地址。如果他们有一个网址，那么E-mail地址也是相似的。比如美国总统的E-mail地址是：

president@whitehouse.gov

考考你的英语老师！问问他们E-mail是不是一个单词。如果他们说不是，那么告诉他们这个单词自从1996年已经被列在了《剑桥21世纪词典》里了。

键盘的游戏

E-mail的人会通过用TLA’s和微笑符，加快打字速度，这样就可以加快发送的速度……

▶ TLA’s就是3个单词首个字母的组合（把各个单词的第一个字母组合起来的缩写）——就像用CUL代替“see you later”（再见）一样。

▶ 微笑符（也被称作由字符组成的图释）是一组表情符号，从侧面看，就像一些小图片。像最简单的微笑符，如：

“：-）”，意思是“我很高兴！”

读一封用TLA’s和微笑符写的E-mail需要一定的技巧，你现在学会了吗？下面看看你能不能把这封E－mail翻译出来。

BTW a FOAF tells me UR really 8;）HHOJ he sez:–D ISTR U said UR :–［ with a:+）and :–）> TTFN！

答案

BTW意为by the way（顺便）

FOAF意为friend of a friend（朋友的朋友）

UR意为you are（你是）

8；）意为a gorilla（吊死鬼）

HHOJ意为Ha–ha,only joking（哈哈——开个玩笑）

hesez意为he says（他说）

:–D意为laughing out loud（大声笑）

ISTR意为I seem to remember（我好像记得）

U意为you（你）

:–［意为a vampire（吸血鬼）

witha:+）意为with a big nose and（鼻子很大，而且）

:–）>意为a beard（胡须）

TTFN意为Ta–Ta for now！（现在在跳艳舞！）

非常内幕

想查一查TLA's或微笑符吗？在因特网上找！微笑符字典可以在：http：//whatis.com里面查到。

下面的这些你也可以看一看：

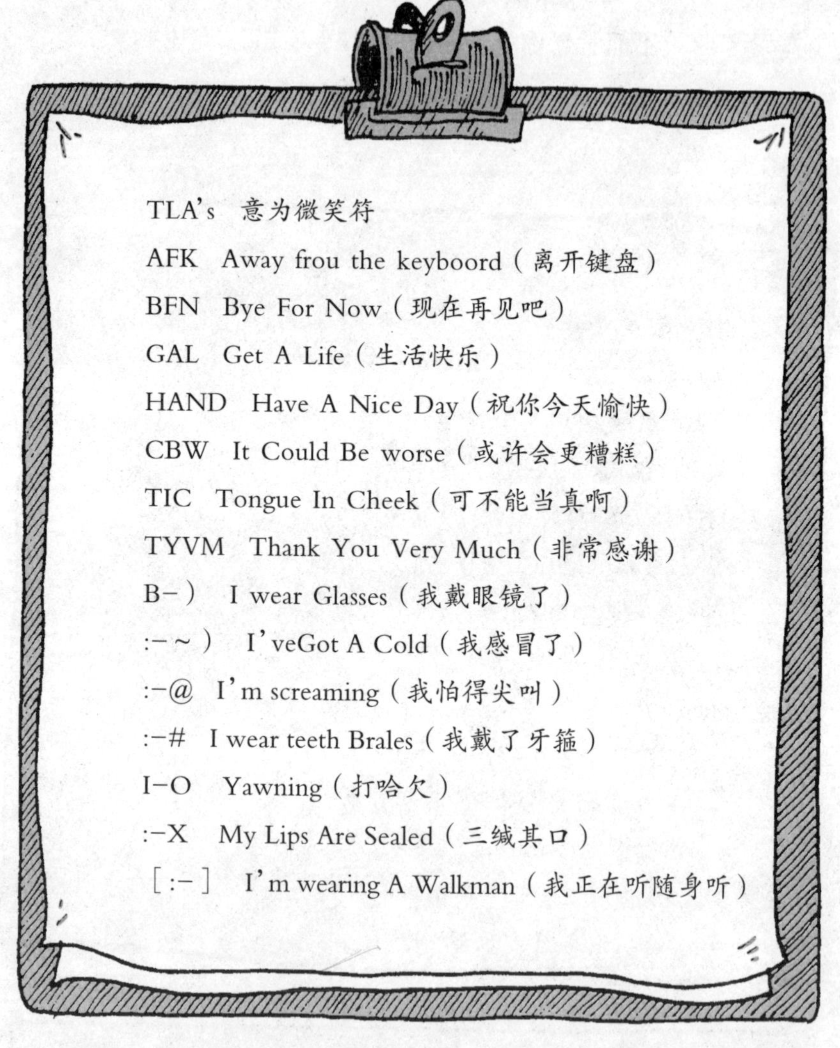

TLA's 意为微笑符
AFK Away frou the keyboord（离开键盘）
BFN Bye For Now（现在再见吧）
GAL Get A Life（生活快乐）
HAND Have A Nice Day（祝你今天愉快）
CBW It Could Be worse（或许会更糟糕）
TIC Tongue In Cheek（可不能当真啊）
TYVM Thank You Very Much（非常感谢）
B-） I wear Glasses（我戴眼镜了）
:-~） I'veGot A Cold（我感冒了）
:-@ I'm screaming（我怕得尖叫）
:-# I wear teeth Brales（我戴了牙箍）
I-O Yawning（打哈欠）
:-X My Lips Are Sealed（三缄其口）
［:-］ I'm wearing A Walkman（我正在听随身听）

你登录到因特网的实质是，你可以登录到因特网的任何一台电脑上。

不过，你可能无法进入到许多联网的电脑里——如银行的电脑、带有机密资料的电脑。

但这些电脑对有些人来说，却是无法抵挡的诱惑……

电脑黑客

可怕的黑客

“黑客”原先用于足球比赛中故意踢倒对方球员的人。现在这个词用在那些试图非法进入别人的电脑的人。

他们为什么要这么做？一般来说，可能出于以下几个原因：

▶ 窥探者　这些人纯属为了好玩才进入别人的电脑，只是想证明一下他们有这个能力。

▶ 蓄意破坏者　这些人的目的是要造成破坏，他们肆无忌惮地修改或破坏别人储存在电脑里面的文件。

▶ 诈骗犯　这些人进入别人的电脑只为一个目的——用他们找到的东西挣钱。

窥探者、蓄意破坏者、诈骗犯——这些人都违反了法律。

危险的密码

那么，你是不是想知道这些黑客是怎么进入别人电脑的？很不幸的是，你在这儿是找不到答案的！

不过，大多数人都知道，你在进入网络上的大多数电脑时，必须至少输入电脑名字和密码。所以，黑客要做的第一件事就是，找到电脑的名字和它对应的密码。

找到名字并不难，黑客往往都知道一些使用这些电脑的人的名字。如果他们不知道，用“史密斯”、“布朗”或其他常见的名字也可以进去。

破解密码可就不是这么容易了（不要相信电影中的英雄试了几回之后就试出来了！至少要比这难一点儿）。如果密码真是很快就被破解了，那只能说这个密码很好猜了。

那么，哪些密码很容易被破解吗？试试这个简单的测试。下面哪一个不是设置密码的好办法？哪一个最不好？

1. 你丈夫或妻子的名字（如果你还太小，没有丈夫或妻子的话，可以用你最好的朋友的名字）。

2. 你最喜欢的体育明星队的名字。

3. 你最喜欢的歌星或体育明星。

4. 粗话。

答案

这些都不好，因为这些名字或词不同的概率很小，这就很好猜了，特别是当黑客认识你的时候。但最坏的是粗话！1997年，电脑制造商康柏公司的调查结果表明，30%的电脑用户用粗话来做他们的密码！

让我进入五角大楼

在世界各地所有黑客攻击的目标中，最吸引人的是美国国防部总部，即五角大楼。1997年，它总共遭到了250 000次攻击！

这些入侵中有到底多少是成功的尚不清楚。据说，五角大楼链接所有电脑的电缆都经过一条特殊设计的管道，它能够显示出所有未经授权的链接。

不论他们是否真的特殊，这些措施还是没有能够阻止一个德国黑客。他的名字叫马库思·汉斯，下面就是他从1986年开始，两年内所做的事情……

▶ 通过他汉诺威公寓的一台电脑，他发现了一些可以让他联到汉诺威大学的电脑上的密码。

▶ 在那里，他可以直接进入欧洲学术研究网络——一个在德国其他大学里的电脑网络群。研究这些网络之后，他成功地进入不来梅大学的电脑。

▶ 不来梅大学的这台电脑和美国有一条特殊的链接。汉斯就这样把他的电脑和美国大学研究网络联上了。不久之后，他就成功地秘密潜入了劳伦斯·伯克利实验室，这个实验室离加利福尼亚有9600多千米之远。

▶ 劳伦斯·伯克利实验室是为美国军事部门做一系列研究工

作的一个重要的实验室。在破解了一些密码之后，汉斯发现自己和美国军事网链接上了。

▶ 以一个士兵的名字“科尼尔·阿伯雷斯”为假名，代号为“猎手”，汉斯开始了他的黑客生涯。

▶ 他进入了30台美国国防部的绝密的电脑里，看到了最机密的五角大楼文件。

▶ 在被抓住之前，他甚至还设法浏览和复制间谍卫星和核战争的文件。

马库思只有在攻击别人电脑时能完全进入角色。

他是如何被抓住的？是因为他上机用了不到1英镑的机时费。

尽管每个人都可以在劳伦斯·伯克利实验室使用电脑，但必须按机时付费。汉斯当然没有付钱，所以当实验室的主管克里夫·斯顿检查账户的时候，他发现钱的账目不对，少了75美分。

大多数人肯定会对这么小的数目不以为然，但斯顿不是，他想知道为什么钱的数目会不对，所以他开始盘查……最后得出的结论是，肯定有黑客在占用电脑的时间。

因此斯顿开始了一个人的追捕行动，侦查汉斯的秘密入侵，最后这个黑客被发现并被逮捕。

（如果你想知道整个故事的详细情况，你可以看看克里夫·斯顿的著作——《布谷鸟蛋》。）

非常内幕

你可能听说过皇家邮件事件……那是英国发生的最早的非法浏览皇家邮件的案子。那个事件发生在1984年。一个名叫罗伯特·思彻夫里的人进入了英国通讯电脑网，并且浏览了菲利普亲王的信件。现在罗伯特在做什么呢？他现在在经营一家电脑安全顾问公司。

罪恶的病毒

下面这两样东西有什么相同之处？

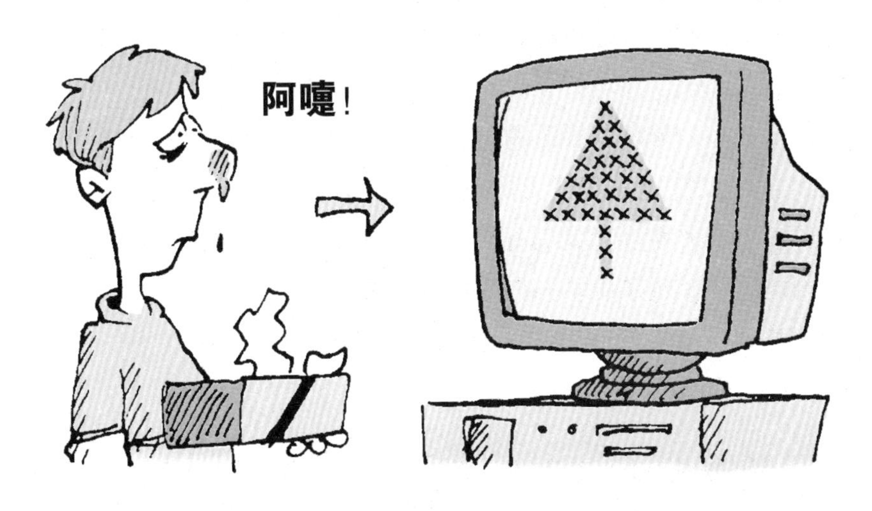

答案

他们都被病毒感染了。

就像我们伤风或感染了流感病毒让我们感到很难受一样，电脑也会“感染”上使它不能正常工作的病毒。二者的区别是，没有人会把他们的感冒病毒故意传给我们，而电脑病毒——一种可以隐藏和复制自身的程序——却是故意传播的。

电脑屏幕上的这幅图画就是一种最有名的病毒之一在搞鬼，这种病毒叫做“圣诞树”病毒，它第一次是在1987年IBM公司的电脑屏幕上出现的。

这幅图画还附有一句话：

“别管它，做你自己的事情好了，你只需要键入圣诞节这几个字。”

当用户真的打进去这个词之后又怎么样呢？他们会毫不知情地把病毒传给另一台IBM的电脑。

几个小时内，这些病毒已经传播到了德国、意大利和日本的IBM办公室里！

这些病毒使IBM公司的电脑停止工作了几个小时，但除了这些，它并没有造成其他大的破坏。但其他病毒就比这恶毒得多了。1988年一种叫“定时炸弹”的病毒秘密潜入到了耶路撒冷大学的电脑里，过了很长一段时间才被发现。这是由一个反犹太人的蓄意破坏者制造的，目的是在5月13日毁坏所有电脑文件——那天是以色列解放40周年纪念日。

电脑匪徒（CR，WC）

以前的匪徒都是拿着机关枪抢劫银行。现在，钱是由世界各地的电脑网络来输送的，这些匪徒就换了一种方法——他们用键盘抢劫银行！

幸运的是，有毛病的电脑总是和有毛病的匪徒搭配在一起！像下面这些……

▶ 1992年，一个主管打印自己公司工资支票的美国电脑操作员发现了一个挣外快的方法。他等他自己的名字出现的时候，设法让电脑打印出30张支票，而不仅仅是自己工资的一张！那他是怎么被抓住的？这个笨蛋居然打算一次性地把钱存放到银行里。

▶ 1986年，新西兰奥克兰的一个14岁的男孩本来可以做一次异想天开的抢劫的，如果不是他自己惊慌失措的话。他把一个信封放进了银行的机器里，输入存入100万美元的字样，实际上他什么也没有存。信封里面只有一沓棒棒糖包装里的卡片而已。

这个男孩本想开个玩笑而已，但令他奇怪的是，当这个男孩几天之后去银行检查他的账户时，发现真的进账了100万美元！

他试着取了10美元。成功了！第二天他又取了500美元——又成功了！

以后的事情如何呢？他觉得有点不知所措了。他把500美元存了回去，并承认了他的所作所为。

（这样也好，否则他终究会被查出来的。那时候银行还没有来得及核对实际收到的钱和电脑记录下来的钱的差额。）

非常内幕

1995年小偷的热门行业是盗取电脑芯片。流氓团伙破门而入，取走房子里所有电脑的芯片，而把电脑扔在那儿。为什么呢？由于世界性的短缺，芯片的价值已经超过了同等重量的钻石的价格。

不过，在高科技行业里，你不必通过抢劫电子化银行来谋取财富，还有其他的途径……

▶ 1990年，一个叫凯文·帕尔森的加利福尼亚人进入了广播电台的电话和电脑系统，这使得他在电话有奖竞猜中频频获奖。但他不知道适可而止。在赢得了两辆保时捷汽车、两次夏威夷游和2万美元的现金之后，警方开始调查他。最后他被逮捕，警方以电脑间谍活动起诉了他。

这就是这些骗子的问题所在，他们太贪婪了，最后总要被抓住……

▶ 1996年，一个爱尔兰男孩在因特网上用一个随机输入的信用卡号码预定了价值几千英镑的巧克力。这个号码被接受了，账单被送到了信用卡的主人那里（在阿根廷）。警方设法追踪到了这个男孩。但是在他们到来之前，这个男孩已经把所有的罪证都吃完了。不知道他生病了没有！

非常内幕

因特网的用户经常在不知道是违反法律的情况下，非法下载网络音乐。这是怎么回事呢？他们经常复制那些非法传到网络上的音乐。1998年，一张绿洲乐队的专辑在网上出现的时间比上市时间早了一周半。

预防电脑犯罪的斗士

坏蛋们现在可以用电脑进行犯罪，但警察也在用电脑破案。所以告诉你们老师，如果他们不满意工资较低的教师工作，而决定做一个收入颇丰的电脑黑客，下面有一些比较好的建议可以让他们三思而后行！

里宁·拉格特，世界上罪行累累的商店扒手，倚在被告席上。他闷闷不乐地看了一下穿红袍子的法官，悲伤地叹了一口气："又被捕了。"

"里宁·拉格特，"法官说，"我们已经证明你犯了所有被指控的罪名，在我宣判之前，你还有什么可说的吗？"

"是的，我有。"里宁喊了一声，"这是不公平的，用电脑来对付一个只想做一桩诚实盗窃的人是不公平的，我只是……只是……"

"光天化日之下的抢劫！"

"差不多是吧，"里宁嘟哝道，"我的意思那是珠宝店，是我为亲爱的妻子取一条项链的地方。"

"是光拿不付钱。"法官纠正道。

"是的，对，监视摄像头是真的！"

"真的？"

"有些商店为了省钱，安装的摄像头不是真的。他们安装的都是玩具。现在任何一个有点经验的坏蛋都能区别出哪个是真的哪个是玩具。但这家商店做了什么？他们的真机器看起来像玩具。"

法官笑了笑，说道："一个促使你偷盗的摄像头就把你骗得像玩具一样了！"

"对，我承认。当我跑出去的时候，你知道我发现了什么吗？当我想离开的时候，我用来逃跑的汽车被一个交通看守员口袋里的电脑检查出来了。他把我的车牌号码输进去之后，发现我有好几张罚款单没交钱。"

"是好几百张没付费的罚款单。"法官又一次纠正了他。

"对，那他们该干什么？居然把我的车拖走了！"

"你的那辆逃跑用的车终于被拖走了！"

"好吧，我已经没有选择了，是不是？我只好偷一辆了。那是一辆红色跑车，我最喜欢的车型之一。我正准备偷，我发现我又被另一台电脑愚弄了！"

里宁的身边传来了一串快乐的笑声。"我们的电脑，"站在被告席旁边看着他的警察洛克咯咯地笑着说，"也是我们的伙计，它里面有所有被偷汽车的资料，判断出红色跑车最有可能被偷了……"

“所以……”里宁说，“所以你们把一辆红车放在一个可能的地方，等着人上钩。结果我偷来偷去偷的是警车！”

“结果最后他们抓住了你！”法官高兴地说，“偷车又偷珠宝。”

里宁哀叹道：“太不公平了，我已经把项链扔掉了。但还有其他人被记录在监视器上。我的意思是，你们的所作所为太令人厌恶了！”

“你才令人厌恶呢！”

“我是说这些东西让每个人都道德败坏。我敢说别的人肯定也一样。我再也不会靠近那个地方了。”里宁摇了摇头，叹了口气，“但是电脑还是不肯放过我。”

洛克在里宁的鼻子底下晃动着手指说道：

“教你在偷盗的时候好好用手机，是不是？”

“我只是想在我回家的时候给我的梅维斯打个电话。”

“一个关于项链的电话，”洛克又咯咯地笑了，“非常好，里宁。”

“我怎么会知道我的手机会不断地发出信号，告诉电话公司的电脑而败露我的行踪呢？我已经藏了两年了。”

“换句话说，电脑储存了你光顾过的商店。”法官说，他擦了擦他的眼睛，然后看了看闷闷不乐的罪犯，“电脑真是好东西，你说是不是呢？”

里宁点点头，“我服了！”

“你所说的话证明了你的确有罪。我判你3年监刑，希望你出来之后会更聪明！”

“我会的，尊敬的法官大人。我要把时间花在学习上。”

“学习，太好了！你学什么？”

“还能学什么？学电脑！我希望我出来之后有办法对付它！”

非常内幕

苏格兰的法官已经开始用笔记本电脑存了将近6000个案件和判决结果了。他们只需要输入“珠宝盗窃”或“汽车丢失”等关键词，就会显示出以前这类案件的判决结果，帮助他们作出正确的判断。也就是说，电脑不仅能抓罪犯，还会判刑！

但如果你想找到最聪明的坏蛋和最邪恶的恶棍，有一个地方你一定要去，那就是电脑游戏世界……

丰富多彩的游戏世界

自电脑诞生之日起，游戏就出现了——这是事实。

1860年，查尔斯·巴比奇设计了一台玩井字游戏的机器（但十分令人诧异的是，这项工作最后没有完成）。他的想法是把6个格子放在一个空间里，让孩子去玩。这是巴比奇另一个不太古怪的想法。但令他没有想到的是他的想法在100年之后实现了。

电脑游戏发展历史

1972年　美国西雅图的一家酒吧里出现了“乒乓（Pong）”游戏。这是由一家叫阿塔里的公司开发的。它是一种电子网球比赛，两个游戏者用“拍”（屏幕上一块长椭圆形的可以移动的板）撞击一个“球”（一个白色的小点）穿过“网”（一条在屏幕中间的线）。尽管界面是黑白的，而且游戏只能持续3分钟，“乒乓”却是一款十分出色的游戏。

1978年　第一款射击游戏“太空入侵者”代替“乒

乓”成了酒馆和俱乐部里最火暴的游戏。人们对不同等级的蛛形外星人射来射去是如此地上瘾，一个国会议员甚至提议想把这种游戏禁止掉，因为只顾玩游戏，人们都不工作了。

1980年　阿塔里、考莫道和其他一些美国公司开始为家庭娱乐设计游戏。你既可买插卡型的在特殊的游戏机上玩，也可以买磁盘型的在家用电脑上玩。他们开始疯狂地出售游戏，直到……

1983年　家用电脑被用于各种严肃的事情上来，游戏也逐渐不再流行了！刚开始每年达30亿美元的销售量，美国的游戏市场在12个月之内突转直下，只有很小的份额了。

1985年　日本任天堂游戏公司开发了一种叫做“游戏男孩”的掌上游戏机，重新把游戏市场繁荣了起来。它附带了一种叫俄罗斯方块的清屏游戏，销售量

达4000万张。

1986年　同一家公司推出了任天堂娱乐系统。这是一种真正的游戏机，同时推出以一个明星为英雄的游戏。他的名字叫马力，他是闯劲十足而又万分英勇的人吧？不，一点都不是，他是一个意大利胖胖的管道工。

1989年　光盘上的个人电脑游戏开始出现，光盘的大容量可以让游戏的界面更加逼真，声音效果也更好，唯一的问题是有光驱的个人电脑很贵！

1991年　日本的另一个大公司世嘉公司又推出了它的新型游戏机的游戏，这款游戏的主角是一个古怪的名叫索尼克的家伙，它是一条蓝色的、活泼的、会跳舞的刺猬。

1994年　日本索尼公司也以他们的游戏机进入了市场。这3家大公司自始至终占领着整个游戏机市场。

1997年　任天堂公司开发推出了N64游戏机。

非常内幕

作为电脑技术发展的一种标志，N64的运行速度比1969年美国宇航局（NASA）用来控制阿波罗火箭上月球的电脑要快1000倍。（是不是说现在游戏机有可以飞出地球之外的速度了？）

1998年　游戏市场变化无常，谁也不忍心丢弃20世纪80年代卖5英镑的阿塔里游戏，现在卖给收藏家可以卖到500英镑！

21世纪　让我们尽情地预测吧！下几个圣诞节随同电脑游戏最畅销的副产品肯定还会和头几年一样：那就是电池！每年电池的销售量超过40亿节，40%是在圣诞节的时候卖掉的。

非常内幕

没有什么比在关键时刻游戏机的手柄电池用完了更糟糕的事了，现在你买电池的时候可以测一测还剩下多少电。不过唯一的麻烦是，测试系统工作时本身会从电池中使用一定的电量，所以你每测量一次你的电池所剩的电量时，你就在加速你的电池寿终正寝。

可恶的游戏测试

一些成年人总是在抱怨，说许多电脑游戏不是枪就是剑的，打打杀杀，血腥味太浓，没什么意思！

不过他们没有意识到的是，现在的电脑游戏有点像书。它们有时候可能在讲述一个令人毛骨悚然的故事，但有时候也有英雄和坏蛋，而游戏者所要做的事，就是见证英雄最终战胜邪恶。

所以下次你父母再抱怨的时候，请做做下面的测试。你能在知道谁是英雄谁是坏蛋的情况下，确定你会站在英雄一边还是坏蛋一边吗？

1. “爆炸手”，游戏上也是这个名字。他经常出没在迷宫和——猜猜看是什么？——有炸弹的地方。

英雄 / 坏蛋

2. “取食者”，一个紫色头发的、有着尖锐的牙齿的、可以一口把骨头啃穿的食人者。

英雄 / 坏蛋

3. 一个巨大的火车鞋。

英雄 / 坏蛋

4. 一个在战斗中把敌人弄伤，然后把他们的血吸干的吸血鬼。

英雄 / 坏蛋

5. 源源不断的犰狳群。

英雄 / 坏蛋

6. 一只蛙形的恐龙。

英雄/坏蛋

7. 一个用嘲讽的口气说，“现在我想家，想回到妈妈的怀抱里”的人。

英雄/坏蛋

8. 一个大头鬼。

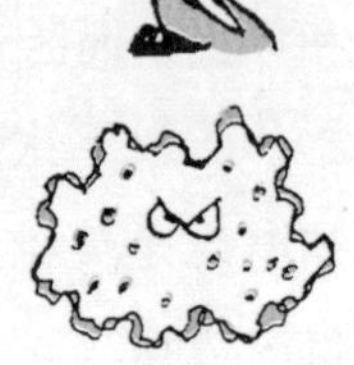

英雄/坏蛋

答案

1. 英雄。他把炸弹引爆了，而没炸到自己。

2. 英雄。它是“装了再装”游戏中的英雄。“顾客”总是随身携带一包火柴，这样就可以煮熟他获取的肉了。

3. 坏蛋。它是“虫虫”游戏中的恶棍。在那个游戏中，一只昏昏欲睡的昆虫反而成了英雄。

4. 英雄。在“血兆”和“凯恩遗事”中，吸血鬼是凯恩。当他把敌人的血吸干之后，血就从骷髅的嘴里流进一个计量仪中。

5. 坏蛋。它们堵塞了“奔跑”游戏的路了。

6. 英雄。在“基因战争”游戏中，游戏者必须创造稀奇古怪的动物来保护他们免受食肉动物的攻击。会跳、庞大的蛙形恐龙是一种强有力的武器。

7. 英雄。在“终极斗士”游戏中，这是敌人被打倒的时候出现的一种嘲笑。

8. 坏蛋。在“主题医院”这款游戏中，大头鬼实际上是一种病，而不是一个人。在这个游戏中你必须开医院和治那些患了奇难杂症病倒的人来挣钱，大头鬼是这个游戏的主角。

非常内幕

游戏“古墓丽影”首次推出了一个女英雄形象，美丽的劳拉·克罗夫特，她是一个空手道高手。她被赋予了很多现实的润饰手法，如跌撞和喘息等。但设计者当初想给她设计的一个润饰却被去掉了：劳拉的马尾辫。如果要看起来更真实些，她走路的时候辫子应该是平稳运动的。在测试的时候，程序员发现，如果要解决这一问题，使劳拉的辫子能符合整个画面，那将会使游戏的整个测试工作大大放慢脚步。所以在游戏投放到市场之前，劳拉去了一次理发店，把马尾辫剪掉了。

始料未及的故事：随机数

又有了一款新游戏。它叫“光头仔”！它的主角却是一个留着长发的叫超级哈里的家伙。

这个游戏的目标是让超级哈里顺利从家里到达工作的地方，没有被那个跳起来想剪掉他头发的恶魔抓住。（必须承认的是，这款游戏听起来有点儿像剪刀魔术！）

这个恶魔理发师是典型的坏蛋。所有的电脑游戏都有这种坏蛋，关键是在于躲开他们或对付他们。为了把游戏做得更难一些，他们会随时随地地蹦出来。如果他们不是这样，比方说，如果恶魔1号总是准时在游戏开始后两秒钟从第一个门冲出来的话，游戏就不会那么有挑战性了。那么电脑游戏里的恶魔是如何改变他们的策略的呢？

这完全是由随机数控制的——就是说，是由你无法预料到的数值决定的（有点像你的数学作业里的答案）。

我们可以举个例子。比如说你是游戏的程序员，你希望恶魔1号在游戏开始后0—6秒钟之间夺门而出。你需要做的是非常简单（真的）的数学题。像：

▶ 任取一个你喜欢的数，比如说345。

▶ 把345除以7，答案是49余2。

▶ 就用余数……就让恶魔1号在2秒钟后跳出来吧。

（如果你把屏幕分为好几个不同的区，可以用同一种方法确定恶魔在哪一个区里出现。）

下一个恶魔怎么办？只要再用一遍刚才的方法就可以了。不过，我们不想让恶魔每隔2秒钟出现一次，所以你必须得换另外一个数字……

▶ 把第一个数的余数放到答案的前面，也就是说把2放到49的前面，这就是你的下一个数：249。

▶ 把249除以7，答案是35，余数是4。

▶ 用这个余数作为第二个恶魔出现的时间。所以这个恶魔在第一个恶魔出现后4秒钟时跳出来。

如此继续下去，随着恶魔的随机出现，超级哈里感到越来越力不从心了。

不过这儿有个问题，每次玩游戏的时候，首数（如345）是怎么变换的？这很简单，游戏有一大堆可以利用的数（当然也可以是随机的），或是游戏开始的时候就产生一个新数，如时间等。

6点15分起来打“光头仔”游戏，刚开始的随机数就会是615，如果晚一点起来，首数可能会变成1129了。

非常内幕

1997年，硅图公司的研究者们发现了产生随机数的另外一种方法。他们把老式的“熔岩灯”（一种里面有黏性物的灯，随着温度的升高，那种物质就会自动分裂）打开，然后数里面飘着的泡泡，这些灯兴奋地冒着泡，高兴自己又有了用武之地。

游戏作弊！

无一例外，一个游戏推出来几个月后，有些老手会告诉你如何在玩游戏的时候作弊。作弊可以让你游戏里的主人公生命更长一些，还可以让你轻松跳级——还有很多不同的作弊方法。但为什么会出现这种情况？难道这也是有缺陷的电脑？

不，实际上恰好相反。像很多电脑程序一样，游戏在进入市场之前，也经过测试确保其工作正常。现在把你放到游戏测试者的位置，你用各种方法玩到第99级，然后你发现了一个错误。修改完程序之后，你或许真的不愿意再重新玩到99级来保证你修改得完全正确——你想直接跳到你修改的地方。

所以你在程序里设置了一些用来测试的特殊键组合，可以让它略过1—98级，直接到达第99级！

根据分数，你的宠物已经活过了第一次世界大战！
这只是让你知道我的确很好地照顾它了！

当游戏完全测试完之后，类似于这样的秘密键组合就很多了，要把它们全部找出来删掉就不太容易了，所以它们就留在了游戏中。但在游戏介绍的时候，肯定没有提到这一点——直到有人发现为止。

疯狂的电脑作弊

即使是电子宠物，也有一些可以让游戏者作弊的漏洞。寻找寿命最长的宠物比赛吸引着一些主人整天摆弄他们的电子宠物。他们发现，胡乱地按一些键可以使宠物比原来的寿命要长。不过，比赛的裁判却很容易辨别出这些把戏——这些经玩家作过弊的宠物寿命要比他们设计的寿命长。

如果你按这个、这个和这个键，游戏就通关了。
但这意味着我还没玩游戏就已经赢了游戏！

这是你必须做的吗？

玩电脑游戏对你是好还是不好？这很简单了！你认为它们好，但你的父母和老师觉得它们不好——不仅仅是因为他们不会玩而你会玩。很多成年人都认为玩电脑游戏是浪费时间。所以，如果你家里也有这样的人，用心记住下面的语录：

"英国教育交流和技术协会"认为游戏可以帮助游戏者：

- 头脑转得更快
- 延长他们的注意力集中时间
- 从游戏中学习经验
- 熟悉新技术

（玩电子游戏很有意思，但如果你不想玩的话，就不要提这一点了。）

当然，父母和老师都不是那么容易就能被骗倒的。他们会引用玩电脑游戏不好的证据——所以你必须得知道如何对付他们。

比如他们可能会说："如果你总是玩游戏，你最后会得……"

得什么？试试这个疾病测试。下面哪种是经常玩游戏的人很容易得的病？

a. 肢体重复性劳损（特别是手腕和手指）。

b. 脖子酸疼（真的很疼，不是父母和老师的唠唠叨叨所带来的那种痛苦）。

c. 腱炎、腱鞘炎还有腕部综合征（直到手指的腱炎）。

d. 周围神经痛（离开键盘后你的手还在颤抖和摇晃）。

e. 遗尿和大便失禁（你睡觉的时候想上厕所但没及时醒来）。

f. 癫痫发作（觉得虚弱，还有可能会失去意识）。

答案

不要奇怪……以上的疾病全部都是经常玩游戏的人常得的！玩游戏的人患的病很多，但几乎都是因为他们在不适当的情况下玩的时间太长。除非你说你肯定会（也有可能是在将来）……

- 在光线很好的房间里玩
- 每次只打一会儿，不超过1个小时
- 离屏幕的距离足够远
- 你觉得不舒服的时候就立刻停下来不玩了

非常内幕

据大卫·詹姆士——利物浦足球队的守门员说，电脑游戏还有可能会影响足球比赛。1997年，他朋友送了他一台索尼游戏机。结果，他比赛时迷迷糊糊的，踢了一场很糟糕的比赛——他在前一天晚上整整打了一个通宵的游戏。

电脑游戏是真的吗?

什么时候电脑游戏不再是虚幻的？当它是真的的时候……

驾驶飞机着陆

你笑眯眯地把自己绑在了飞行员的凳子上。真有意思！小小年纪居然可以驾驶这么大的一架飞机！这架飞机叫什么？哦，波音747。你回家的时候一定要记住这个名字。如果你到家了……

你盯着你前面的屏幕，长长的跑道伸向了远方，一束明亮的光照亮了前面的道路。这是份好工作！你甚至都没意识到天已经黑了！

在你的一侧，你看见了机场候机室的轮廓。另一侧是待命的消防车。嗯，还有一辆救护车。挺讨人喜欢的！但难道他们不相信你能驾驶这架飞机吗？

该出发了！你把飞机的发动机打到了最大挡，747飞机轰鸣着冲向了跑道，你看见机身下面的灯闪烁着，听到风呼呼地吹过机翼。

就在这时候，你放开了控制键，巨大的飞机呼啸着飞上天了！

你轻轻地按一下开关，听到飞机的轮子当的一声缩到机身里。

透过驾驶舱上的舷窗，你看到机场已经远远地被抛在了下面。在你的前面，还可以看见太阳慢慢沉入远处的地平线，那里是一片炫目的深红色。

你还能看见其他的吗？对，还有飞在你前面的小飞机……什么？！它在那儿干什么？你要撞上它了！

不要着急，你飞得太快了！可是怎么回事！

往下冲？你会撞到地面上的！

转向？你会撞到那架小飞机！

再高点儿？也许能行吧……

你就在那一瞬间作出了决定！

但太迟了。你已经撞上了那架小飞机……

随着一声可怕的嘎吱声，你已经向那架飞机直冲过去了。眼前一片漆黑，难道你死了吗？那一刻你觉得你好像已经死掉了——直到有一个尖锐的声音从你的耳机里传来：

“下来吧！现在游戏结束了！”

这就是一个虚拟现实（VR）游戏的例子。你不再只是面对着电脑屏幕，用键盘和游戏手柄来操作游戏，虚拟现实游戏可以让你身临其境地感受游戏的刺激和真实。

除了一台功能强大的电脑和特殊的游戏软件外，你还需要：

▶ 一个VR头盔——一套达思·维达的头盔，头盔的前面有一个半环形的屏幕，你向四周看的时候，外面的东西也会随之改变。还有两个耳机，以传达声音。

▶ 一副VR手套——一副可以探测你手指的移动方向并把感觉反馈回来的手套。真是一个非常方便的发明！

戴上了这些之后，外界的噪声和感觉都消失了，你的大脑就会被幻想所左右了。你完全进入了一个虚拟的世界，一个根本不存在的但感觉起来又像存在的世界。

你会不会被蒙蔽？

你是不是认为你从来不会被蒙蔽？做一做下面这些有关VR经历的小测验，看看你是否正确！

1. 你能看见一些滚动的波浪，如果你不小心的话，它们就会把你淹没。海水在你下面晃动，你很难维持你的平衡，你正在做什么？

a. 踩着VR冲浪板。

b. 驾驶着VR游艇。

c. 正在尽兴地玩VR划水橇。

2. 如果你不是一个人，而是和你的队友在一起，你们挤在一个狭窄的空间，你们旁边还有很多其他的队，做着同样的事情。有一些队还比较友好，但有些队想来撞倒你们。你想你们将如何呢？

a. 你作为一个VR队的队员正在进行一场VR摔跤比赛。

b. 假装作为VR机器正在和一群VR病毒搏斗。

c. 在VR坦克里进行一次VR战斗。

3. 你正在竭尽全力地挣扎，你手上那个控制电脑的东西好像要爆炸了！你设想你会怎么做呢？

a. 用VR锤子击倒VR墙。

b. VR深海捕鱼。

c. 在一次VR入侵中，想把一个VR外星人的脖子拧断。

4. 你自己一个人高兴地闲逛着，突然你身边有个东西向你飞过来，击中了你！发生什么事了？

a. 你在一次VR橄榄球比赛中被球击中。

b. 你发生了一次VR撞车事故。

c. 你被一个VR超市里的VR推车撞了一下。

5. 你正坐在一个有着白墙的真实房间里的一张真实的桌子前，你会在哪儿呢？

a. 在一个VR电视台里。

b. 在一个VR教室里。

c. 在一个VR办公室里。

6. 你正在一个公园里慢慢地开着车，这是你开过的最慢的车！它没有方向盘，不能向下冲，也不能垂直上升，不能做任何令人高兴的事！它只能慢慢地向前爬行。你设想一下你在做一次什么旅行？

a. 在做一次海底世界的VR旅行。

b. 在做一次胃中的VR旅行。

c. 在做一次月球上的VR旅行。

答案

1. a。冲浪者（在海里的冲浪，而不是网上冲浪）可以用一块虚拟冲浪板来亲身体验那种刺激的感觉！冲浪板在你的脚下上下涌动，你奋力保持你的平衡时（不要再晕船了），VR头盔会给你显示出翻滚的海面。

没有这种特殊效果，我的感觉也很好，多谢了！

2. c。这是用来训练坦克兵的一套系统。而且，这些系统都是联网的，所以他们可以和别的国家的坦克兵互相攻击，或许这可能会是未来战争的一种方式。

3. b。这是一套由电脑控制的捕鱼竿的虚拟系统，鱼在线上挣扎的时候这根鱼竿会像真的一样弯曲起来。

4. b。汽车制造商开发了一套VR系统，来显示汽车如果被另一辆以每小时40千米速度行驶的汽车撞上时，汽车内部会发生什么样事情。现在就是发生碰撞的一瞬间。

5. a。很多电视节目，如《新闻联播》或BBC电台的一天赛事，都是从“虚拟演播室”传出来的。观众以为主持人处身于色彩缤纷的背景之中，但实际上这都不是真的。他们都只是站在一块放映着各种炫目图像的白屏幕之前而已。不过，这个系统很容易出毛病，如果主持人穿的衣服的颜色和屏幕的颜色一样……那么主持人就会消失了！

6. c。一家美国公司，蓝纳公司想往月球上发送一枚火箭，把一辆可以四处运动的遥控车放到月球上，然后把月球中的图像发送回地球，根据这些情况设计出太空旅行主题公园里的VR月球之行。

非常内幕

VR头盔将来很快会闻到臭味或尝到咸淡了。开发者们正在往VR旅行中加入不同的气味。美国的一家公司通过威莉·万卡巧克力公司开发了一种VR旅游游戏，那里面就会有巧克力和药蜀葵的香味了！

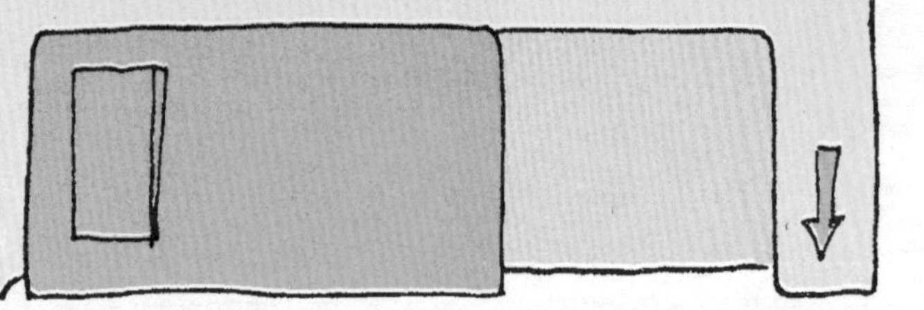

捣蛋的机器人

你怎么样区分出一个老师和一台电脑？下面是他们的一些不同的特征：

▶ 电脑会发出比较奇怪、比较浑厚的声音，而老师……呃，算了不说了。

▶ 有些电脑有滑轮，而老师是没有的……不，也别说了吧！

▶ 老师会留着比较奇怪的发型，裤子总是有点不合身（可能人类都这样吧）；而电脑则不会……

别打断我，让我们继续吧。

▶ 老师的眼睛总是在他们头的前面，有时候后脑勺上也长眼睛；而电脑则不是。

▶ 老师的耳朵能听到最轻的口哨声；而电脑则不能。

▶ 老师的鼻子能闻到怪味；而电脑则不能。

▶ 老师会告诉你上校长办公室怎么走，或者必要的时候领着你去；而电脑则不能。

但如果电脑也有部分或全部这样的

能力呢？如果它也能看能听能走呢？它会成为老师吗？不！——它永远是一个机器人！

非常内幕

“机器人”一词来源于捷克斯洛伐克语，原意是“强迫劳动”。这个单词最早是在1921年被一个作家卡雷尔·卡佩克使用的，当时的意思是机械式工作的工人。

我的命运就是服从

一个机器人是一台由电脑控制的像人一样的机器：

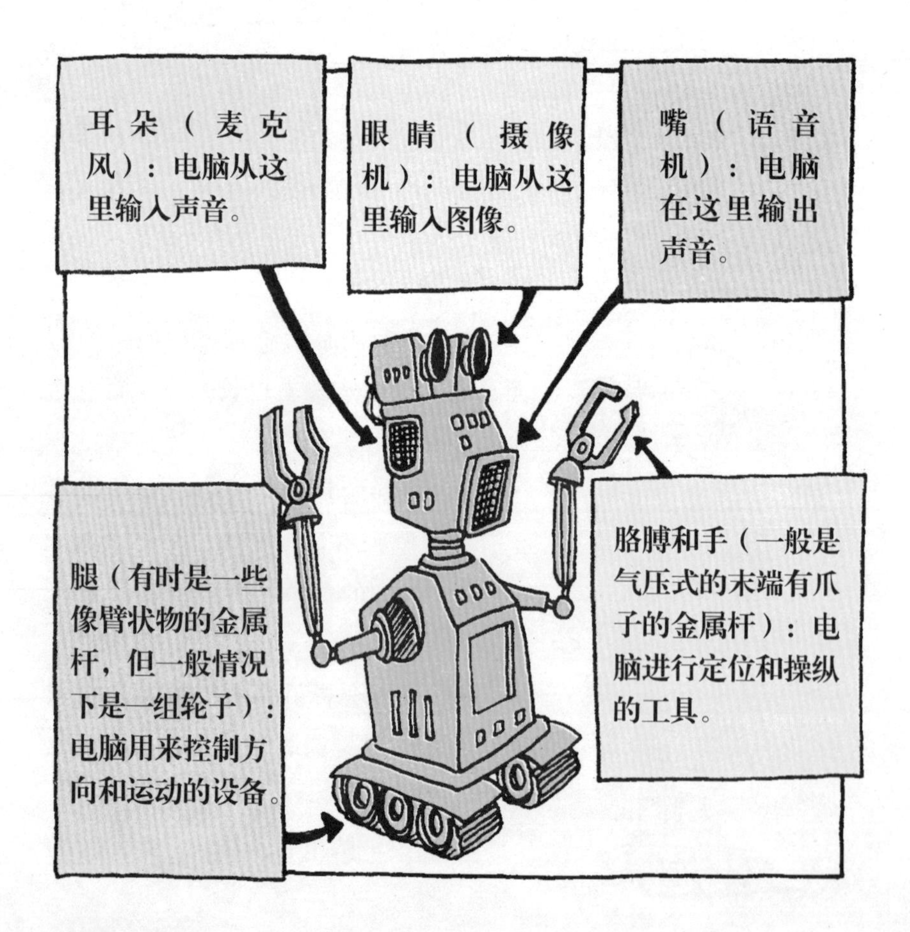

耳朵（麦克风）：电脑从这里输入声音。
眼睛（摄像机）：电脑从这里输入图像。
嘴（语音机）：电脑在这里输出声音。
腿（有时是一些像臂状物的金属杆，但一般情况下是一组轮子）：电脑用来控制方向和运动的设备。
胳膊和手（一般是气压式的末端有爪子的金属杆）：电脑进行定位和操纵的工具。

但机器人怎么样才能像人一样行动呢？怎么样才能轻松地操纵它做人类能做的一些事情呢？——比如说做饭……

用它的麦克风耳朵，机器人可以接收到声音。但这不够，我们必须编程来告诉电脑如何区分这种声音和那种声音……

对一个机器人来说，它到任何地方去都要由它的电脑来决定，然后把这些必要的信息发送给它的“腿”，告诉它向右转、向左转，或直接往前走，等等。也就是说，它必须事先存有一张准确的地图……

机器人的路程

厕所
办公室
楼梯
储藏室
饭厅
教室
教室
教室
校长办公室
厨房

一个性能健全的机器人在它的行程中，如果它的“眼睛”看到了什么东西挡住了它，它会停下来……

做一些有用的工作是最困难的。机器人在它的内存里必须存有一幅清晰的“图像”，告诉它该怎么做……

然后它必须认识在真实生活中它应该找什么。说起来容易做起来难。为了能让电脑辨别出来，图像都被简化了。由于图像是由各种点阵图构成的，所以对于电脑来说，它所能做的就是修正它接收到的图形，以便与存储区里的图形相匹配。

只有两者相匹配了，电脑才能命令机器人的手臂去拿它要找的东西。这也很复杂，要拿起什么东西的话，机器人的手指必须得握得恰到好处，如果它没有抓牢固，你就遇上麻烦了……

但如果机器人抓得太紧了，也会出现问题……

最后，这个东西必须放在准确的地方，这是另一个测试电脑能不能用它的“地图”和它所“看”到的东西准确结合起来的方法。

不要以为罗伯特就是一个典型的机器人。情况完全不是这样！世界各地至少有100万台机器人在正常地工作。其中有很多机器人在制造汽车——一项比做饭要简单得多的工作！

这些机器人被称为“非移动式”机器人，因为它们是不用移动的。也就是说，机器人待在一个地方，工作自动来到它们的面前——比如说一辆没有颜色的汽车到了刷漆机器人那里，机器人每次就会遵循同一指令为它们刷上漆。

不过这里还有着一个很重要的先决条件。下面我们来做个实验：

▶ 剥开一粒咖啡豆，把它放到你的右手，然后把你的右臂向前伸直。

▶ 让一个喜欢喝咖啡的傻瓜朋友站在你面前，使他张开的嘴正好在你右手的前方。

▶ 把咖啡豆放到他嘴里，然后让他走开。

▶ 把你的手放下，然后再剥开一粒咖啡豆。

▶ 让你的傻瓜朋友回来，再站到刚才站的那个地方。

▶ 现在再次举起你的手，放入第二粒咖啡豆。如果这次咖啡豆放到了他的鼻子里或眼睛上，或除了嘴之外的任何其他地方，这就证明了机器人正常工作的一个很重要的条件！

像这样的机器人，都按照事先给他们编好的固定的模式操作。所以，如果它们在操作的时候没有找准位置，情况就会变得很糟糕了。它们可不会管这么多，该怎么做还是怎么做。因此最后汽车可能只漆了一半，机器人就不干了。或者更糟糕，就像1996年美国西雅图的自动挖掘机器人，它本来是被设定在一条街道挖掘的，但人们没有把它放在正确的地点——结果机器人还是按它原来被输入的线路继续挖。最后，它消失在地底下了！它不仅在错误的地方挖了一个200米深的洞，施工人员还不得不花了60万美元把这个洞重新填上。（他们的预算里肯定也有了一个很大的洞！）

可靠的机器人

不过，现在机器人设计得越来越可靠了。我们真的很希望所有的机器人都在我们的控制范围之内……

▶ 日本本田公司发明了一种类似于人的机器人，可在工厂内四处移动。他们说，机器人的感应器很灵敏，不会迷路或撞上人。我们希望它不要撞上人，因为这些机器人高达2米，重达210千克！

▶ 机器人并不都是庞大无比的，特别是如果它们在我们体内工作的话！1998年一个法国外科医生使用了一个微型摄像机机器人作手术工具，实施了6个心脏手术。在一个特殊屏幕的帮助下，他可以操纵这些机器人在通常情况下无法到达的病理部位下进行手术。

▶ 你们学校的供暖设施是不是经常出现故障？这时候可能你需要莫尼卡的帮助了！莫尼卡是丹麦设计的滚动式机器人，加热后可以用来盘查引起办公室或教室供暖不足的原因。

▶ 有没有想过要检查海底油钻的支架生没生锈？以前，这些工作都是由人完成的，但潜水机器人很快改变了这种局面。它不仅可以比潜水员在冰冷的海水里待得时间更长，它还不需要潜水员防寒所需的热空气或潜水服上的水管子！

我有一种失落的感觉，
我们可能要失业了！

▶ 小型的机器人战士预计很快就会服役。美国的一个项目希望能开发研制出一种鞋盒大小的机器人，它既可以匍匐前进，也可以跳跃和飞翔，从事像探雷、检查化学武器以及其他一些军队不太喜欢的危险性工作。

▶ 各种各样的机器人比赛已经展开了，从走迷宫到打网球，到1998年法国世界杯足球赛庆祝活动的导游。但最奇怪的要属1997年在东京举行的机器人游行表演了。这些参赛者包括：

▶ 一个拄着手杖，跳着和查理·卓别林一样的舞步的机器人。

▶ 一个会抽烟的机器人。

▶ 一个会吹大气泡，还会呱呱大叫的机器蛙。

▶ 最后的冠军是一个会弹木琴的机器猴子。

▶ 最后说一句，世界上最著名的玩具已经变成了机器人！现在出现了一种新型的与电脑相联的"芭比"娃娃。她可以回答一定的问题。当然，芭比娃娃苗条的身材无论如何也得维持，所以必要的电子元件放到了她的肚子里，而电池则放在了她的腿里！

非常内幕

1982年，一个机器人在美国贝弗利闲荡的时候被逮捕了，它被指控为蓄意犯罪。这是一台无线遥控的机器人，是两个少年从他们爸爸的公司里借出来玩的——当警察到达的时候，这两个男孩已经不见了。所以警察只好把机器人拆开看看它从哪儿来的。当他们开始拆卸的时候，这个机器人喊道："救命啊！他们要把我拆开！"

我觉得……我还比较笨！

人们觉得极其简单的事（比如说从不同的角度认知热狗）到了机器人手里却总出现麻烦，原因是机器人的大脑是电脑，而我们的大脑是真正的大脑！

电脑可以记得很快，而且可以记得很多，但它们只能接受我们输进去的指令。有没有可能把它们设计成"人工智能"型的机器人——就是说，赋予它们和人类一样的思考能力呢？

这是1950年巨型电脑的发明者艾伦·图灵所提出的一个问题。他用来证明"人工智能"存在的好办法现在已经变成了图灵测试了……

▶ 不知道哪个是哪个的情况下，询问器向两个"人"提问——一个是人，另一个是电脑。

▶ 从答案中（有可能是假的）询问器必须判断出哪个是电脑，哪个是人。

▶ 如果询问器出错了，那么这台电脑就是"智能"的。

到目前为止，还没有哪台电脑能通过这个测试，为什么呢？因为电脑仅仅会储存和使用信息，但却不理解信息……

伙计，将军了！

1997年，IBM的国际象棋电脑“深蓝”在比赛中赢了世界冠军加里·卡斯帕罗夫，这曾引起过一阵轰动。这是不是说“深蓝”就和卡斯帕罗夫一样聪明呢？

不，这只能证明电脑在选择下哪颗棋之前，考虑下一步棋的可能下法的速度比较快而已。但即使是那样，在比赛的第一回合中“深蓝”也没能赢过卡斯帕罗夫。

“深蓝”与人类思维的不同之处，在于它的程序员给它配备了一个秘密的武器——即由另外一个世界冠军判断“深蓝”走的每一步棋是不是完美。

电脑画家和电脑诗人

电脑还会按照程序画画、写诗、写短篇小说。但这是不是就是说它们是比人聪明呢？

不，是程序员给它们输入了程序，才可以让它们在已经存储的大量的故事情节、颜色或旋律等资源中，按一定的原则选择，然后组合起来，仅此而已。电脑本身并不知道什么是美的什么是不美的。

但有时它们是好的！加利福尼亚大学一台名叫亚伦的电脑画出的画，一次就卖出了2000美元！但亚伦知道自己在干什么吗？当然不知道——否则怎么可能让程序员把所有的钱都拿走呢！

另外，对那些喜欢亚伦的画的专家来说，他们还应该考虑到另外一台机器人的存在——它们就是这首诗中所谈到的那种（但这首诗不是电脑写的）：

每个人都可能犯错误，
这是不变的真理。
但要把事情弄得一团糟，
还需要电脑的帮助！

非常有趣的事情

一个真正的智力测试是讲笑话，这或许令你很高兴。但要确保你在自行车棚后面讲笑话被老师抓住时，你老师也会被你的笑话逗乐！下面是笑话一号，一台讲笑话的电脑的一则俏皮话：

那么笑话一号具有很高的智商吗？不，它只是一本单词和词组的词典而已，并备有这些单词和短语的发音。

要组合出笑话，笑话一号需要：

- 找到短语“杉木外套”。
- 查出“杉木外套”的定义，即是“可穿的”。
- 找出“杉木”一词，这听起来和“皮毛”的发音是一模一样的（在英语中这两个词发音相同）。
- 查到杉木的定义是“树”的一种。
- 然后把两个定义和词语组合起来。

笑话一号还可以很轻松地编出这样的笑话：“什么样的外套可以长到30米高？杉木外套！”

现在让我们把这个笑话和人的笑话做一下比较：

你可能会感到惋惜，但你明白这个笑话了吗？当然你肯定理解了——这真是挺聪明的！因为你需要知道……

▶ “他的心不在这里”是“过得不快乐”的另一种说法。

▶ 一个活人是由骨头和其他重要的器官构成的，比如说心脏。

▶ 没有肉仅是一堆骨头架，那就是骷髅。

▶ 当一个人死了一段时间后，除了骨头什么也不会剩下——就是说那是一个没有心的东西！

科幻电脑

最聪明的电脑之一，当然要属最有名的科幻电脑亨利9000了。它是科幻电影《2001：奥德赛太空》中的电脑明星。亨利负责执行一项秘密任务，即使是人类也不允许知道这个秘密。当人们企图发现这一秘密时，聪明的亨利决定杀了他们！

不过计划发生意外了。一个人幸存了下来，想出了一个更为聪明的办法——杀了亨利。

电脑，求你了！

但如果电脑真的有了人工智能，那会发生什么呢？它们会和我们人脑中最聪明的大脑一样聪明，也就是说……和老师一样聪明！

电脑能发挥更大的作用吗？

你能教他们踢足球吗?
我是说我可以教授所有的课程。事实上已经有很多大学用电脑上课了!
你会不会嘲笑那些不会拼写的孩子?
我就等着这句话呢，斯格杰不太聪明，他的拼写可不太好啊!
抱歉，没听明白。
难道我没告诉过你电脑不懂笑话吗?

但我们不会抱怨的，实际上我会纠正你的拼写，而且还可以帮你打印出来，又整齐又干净，字写得不好的孩子都愿意找我。

能跟你在一起真是太有意思了。如果你是我的老师，我会非常乐意去学校的。你会在你的数据库里帮我做数学题，还会帮我找答案，我就不用自己找了!

呸!没有电脑你就什么也不会干了，斯格杰，没有计算器，你连2+2-1等于多少都不会做!

我会的，老师，2+2是5，再减去1是4!

我还能带你周游世界，斯格杰。我可以帮你联系各个国家的小朋友。你知道，所有的加拿大学生都有他们自己的电子邮件地址，当然还有因特网……
因特网，太好了！

因特网，这确实是个好东西！斯格杰，我告诉过你美国的托儿所吧？他们的教室里每天都有摄像机把图片送到因特网上，他们的父母就可以看到他们的孩子在干什么了。
这很简单，这只是我众多本领中的一项而已！
摄像机？父母？看到我在做什么？

是的，这样父母就能知道他们的孩子在学校是不是过得好了。但是，斯格杰，你在教室……

我的事情吗……我的妈妈会看见我没学习而是在抠鼻子？我爸爸会看见我朝航天器里喷射墨水？他们还会看见我在你身后做鬼脸？

没错！

非常内幕

在实际教学中，最好是把老师和电脑结合起来，让电脑当工具帮助老师，以使课程变得更有趣。在一些情况下，这是完全可能的。但对于那些不去学校的学生来说，情况就会相反。例如，电脑网络和电子邮件可能会使情况变得截然相反。

在一门课结束的时候，教授收到了一个学生的一封邮件，上面写着：“这门课结束后，没有一个老师知道我是残疾的，这让我感到非常高兴！”

教授用会发音的电脑回答说：“而你也不知道我是瞎子！”

快点儿，找一台电脑

有一点是肯定的，如果电脑在现在的生活中发挥着很大的作用，那么它在以后的生活中会发挥更大的作用。但有多大呢？我们先来看看下面这样的标题……

电脑让你疯狂

▶ 你可以先通过电脑学习驾车，而不是随便挂块L字牌，跳上汽车冲到马路上吓唬别人。一个VR汽车系统可以让你体验虚拟驾车的经历，这也是训练驾车的一课！除非你通过了这种测验，否则你不能开真正的汽车。

▶ 一旦你上路了，你开的车子不会让你超过规定的最高时速。车内的电脑控制系统会从路边的标记上读取信息，自动调整最高时速。这时不管你怎么踩油门，你的车子也不会开得太快！

▶ 当然，路上还有别的车，也有交通拥挤的情况，但另一台电脑会帮助你避开它们。把你的目的地输进去之后，它会向你发送前面交通拥挤的信息，它还会告诉你哪条路更好走。

▶ 不过，这还是不可能保证你能快速地到达你的目的地。不仅路上的交通灯让你不得不停下来，它们本身就是很好的交通灯！设计的时候，它们对警车或救护车就有识别能力，只要这些车一过来，你的车子就会自动停下来，让它们先通过。

▶ 更糟糕（或更好）的是，这些交通灯还有控制污染的能力。通过探测汽车造成的污染，整组灯就会改变工作方式，让一些汽车继续行驶，而让其他的车停下来。所以你有可能被红灯拦上几个小时！

非常内幕

你到底应不应该学开车呢？可能老老实实地待在家里玩玩VR赛车游戏会更好一些。这些游戏模拟真正的赛车道，十分的逼真——世界赛车冠军雅克·威林纳弗在他参加真正的比赛之前，就是用这些游戏学会倒车和转弯的！你也许也可以试试“不让我撞车”的电脑游戏！

我感到不舒服

电脑发挥更大作用的另一个领域是医学。先做做下面这个测试，看看作用到底有多大……

1. 你脚趾的剧烈疼痛让你难以入睡。你的脚趾实在是太疼了，根本就起不了床。你怎么去见医生？

a. 你单脚跳到医院去。

b. 医生来看你。

c. 你和医生都留在原来的地方就可以了。

答案

c。一台专用的影像电脑可以让你足不出户就可以看病（在美国，这种诊断方法已经在久卧病床的病人身上实行了）。

2. 诊断结果不怎么好，你的脚趾需要做手术。医生怎么知道解剖刀该从哪儿下手？

a. 通过做手术。

b. 通过画图。

c. 通过X光扫描。

答案

a再加一点c。医生会把X光图片扫描到电脑里，建立起一个你身体的三维模型。然后他们在给你做手术之前会在电脑上先模拟一次。

3. 该做手术了，谁主刀？

a. 外科医生。

b. 一个机器人。

c. 你自己。

答案

由a控制的b。人类医生可以通过影像电脑控制机器人的活动，这样机器人做手术就是完全可能的事情了。

4. 真是痛苦啊！手术一周后你的脚趾感染了，又回到了医院。这回给你看病的是一个机器人！这个机器人有什么特殊设计的功能吗？

a. 咬。

b. 嗅。

c. 吻。

答案

b。不同的细菌发出不同的气味，一个配备有电子鼻的机器人会把你的臭脚指头所发出的味道和一系列气味相比，判断出感染了哪一种细菌，然后马上就可以给你开相应的药方。（也就是说，你不用等到第二天才能拿到药。）而且机器人随时准备行动，可不会感冒发烧的！

非常内幕

如果你是一个哮喘病患者，电脑技术很快就能帮助你。医生听你呼吸的时候，用一种敏感的听诊器，它可以把你的肺的健康信息显示出来。然后医生会给你一个带芯片的呼吸器，以便随时把空气吸入量控制在合适的程度上。

一个高高的、黑色的、英俊的电脑

现在电脑是生活的重要一部分，有时候会很容易忘记它发展得有多快。你把你的电脑给你的父母和祖父母看时，如果他们的脸像关闭的屏幕一样毫无表情的话，不要以为他们是傻瓜。他们在你这么大的时候，事情是完全不一样的：

没有袖珍计算器　　学校里没有电脑　　没有电脑游戏

反过来说，他们毕业离校之后，找工作也不是很难，因为：

在有电脑之前，企业需要更多的计算人员。
我又要用到手指了！
出纳员
我想换20英镑的便士！
在有机器人之前，工厂需要更多的生产工人……
银行在有自动取款机之前，需要更多发放钱款的人……
午饭之前拧紧这些螺丝！

所以电脑对你来说有好处，也有坏处！今后50年会发生什么变化？如果进行一次时间旅行，会发现什么？

下面有一些关于2050年的电脑能做些什么的预言，它们的新功能是好的——还是坏的？自己看吧！

高科技住宅

房子里所有的东西都是用电脑控制的：灯、暖气、影像门铃、车库的门、浴室的开关……所有的东西。而且电脑可以接受语音命令，还能进行回答。

检查非常方便。如果电脑把“把猫赶出去”听成了“把水龙头关掉”，那结果不太好。如果你的父母让电脑问你上什么地方去了，什么时候回来……而你不做回答的话，它就会把门锁上！

垃圾成堆

甚至连垃圾箱也可以电脑化。它们能识别出被扔掉的食品包装袋上的条码，并把信息发到家庭电脑中，在你的高级超市购物卡上添加上这些项目。当你去超市的时候，电脑就会在入口处读入你所需要的东西。当你四处选购的时候，超市里的电脑就把信息发送到你的推车的语音器上，你的推车就会告诉你需要买什么。

好的方面是：对那些懒得写购物条或记性不好的人很有帮助。有些人抵制不住超市中超市电脑的耳语，“去吧，好家伙。

不要节食了，善待自己。你知道你有很长时间没有享受一大盒美味的高级巧克力了……”

离开学校——永远离开

你会在家里学习，而不用去学校了。你在家里可以用影像和老师联系，你能看见他们，他们也能看见你！

好的方面是：可以找到那些最好的老师教你，即使他离你很远很远。

坏的方面是：很多学校里的事情你都做不了了。如交新朋友、开玩笑、玩游戏……还能碰见活生生的老师。现在你还能开玩笑吗？

了不起的游戏

电脑游戏完全是模拟现实的。你可以在便携式游戏厅里面用一个环形屏幕玩。你还可以穿上电子衣服——一种可以把你全身的运动都传递给电脑的特殊的衣服。你不用按键让你的英雄为你打败恶徒——你自己可以挥动手臂，施展拳脚跟他打！

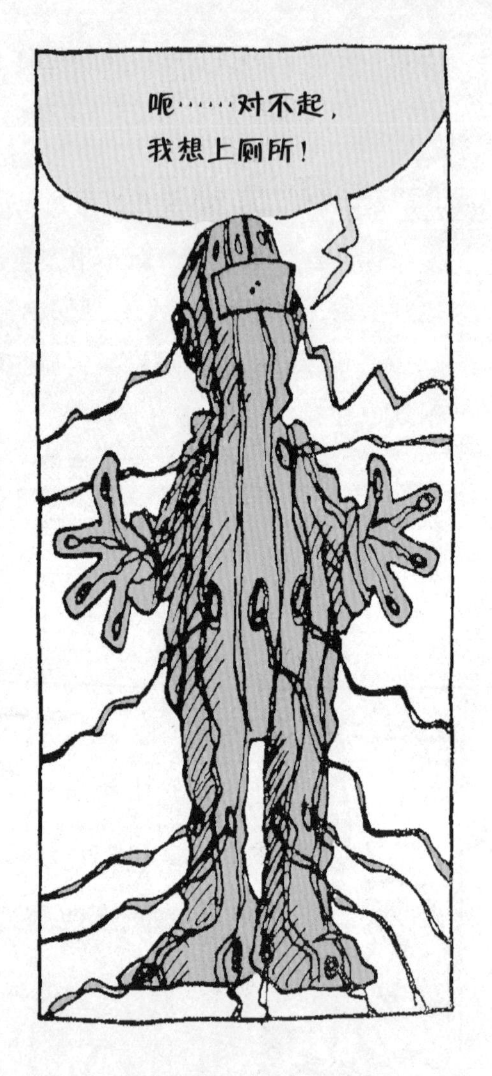

好的方面是：打游戏的人可以感到强烈的真实感，但——

坏的方面是：你晚上可能会做噩梦。（更别提你穿着电子衣服突然想上厕所的时候了，或者是你按错了键，游戏告诉你的衣服让你有被蟒蛇缠住的感觉。）

身临其境

VR几乎可以模拟任何事情，你可以到VR巴拿马去度假，可以在VR金字塔中参观，还可以去爬VR珠穆朗玛峰，还可以在VR太平洋中游泳。你在虚拟世界中花的时间可能要比真实世界中花的时间还要多！

好的方面是：人们可以体验更多他们从没有体验过或用别的方法无法体验的经历。

坏的方面是：就像电视迷会以为电视剧中演的是真实的一样，人们可能会混淆真实世界和虚拟世界。

翘起拇指

如果你在银行里开立账户，你的指纹会被银行储存起来。所以你每次想从取款机上取钱，必须把指纹输入到一个特殊的阅读器上验证身份。

好的方面是：对银行和顾客来说，这样可以防止罪犯用偷来的储蓄卡骗钱。

坏的方面是：你的指纹不仅仅存在银行的电脑中，它们有可能跑到警察局里去了，即使你没做任何坏事！

那么，这些预言都会成真吗？谁知道呢？但过去有些专家的预言就实现了，当然有些也出过错……

那么，这些预言会实现吗？谁知道。在过去，即便是专家也有错的时候……

任何能被发明的东西都已经被发明出来了！

美国专利局主任查尔斯·杜尔，1899年

全世界需要的电脑将不超过5台！

IBM总裁汤姆斯·华特森，1943年

每个人都应该有一台家用电脑是无稽之谈。

数字设备公司总裁肯尼斯·奥尔森，1977年

不过，有一件事是肯定的，电脑确实存在着，也就是说在将来会有很多电脑在为我们工作——同时也有很多电脑在做着相反的工作！

所以最后的预言是：

我认为电脑依然会非凡无比。

马歇尔·卡门，1999年